学術選書 114

森の来歴

二次林と原生林が織りなす激動の物語

小見山章・加藤正吾

京都大学学術出版会

KYOTO UNIVERSITY PRESS

図 1-1●広大な二次林の広がり
森林の姿は大きく変わった。写真には、二次林に囲まれて、スギやヒノキの人工林およびスキー場が見える。これらは人の世の移ろいを映している。（岐阜県高山市荘川町見当山より、2005 年撮影）

図 1-5●落葉広葉樹林の全天写真
春の山には、未開葉の樹冠を通して、陽光が林床に降り注ぐ場所がある。

図1-7●最寒地の高山帯の植生
森林限界を超える場所に、背の低いハイマツ林が広く分布している。いわゆる「お花畑」などもここにある。（御嶽山、2020年撮影）

図1-19●中間温帯林
温量指数では常緑樹林となるはずが、実際にはモミなどの針葉樹とともにイヌブナやイヌシデなどの落葉広葉樹が繁茂している。ここは、暖温帯と冷温帯の中間にある森林帯である。（岐阜県下呂市国道41号沿い、2000年頃撮影）

図1-22●炭窯の石組みの跡
山の中には、今も炭窯の痕跡が残っている。人間のかつての森への圧力の痕跡でもある。（岐阜県下呂市、2005年撮影）

図 2-1●軍馬の牧場跡地に成立したシラカンバ林
このシラカンバ林が存在する場所には、かつて軍馬の牧場があったという。
（高山市丹生川町久手、1992 年撮影）

図 2-12●岐阜市にそびえる金華山
山頂の岐阜城と山麓の常緑広葉樹林。5 月にツブラジイの花が山の斜面を埋める。山頂近くに、ヒノキの群落がみえる。（2007 年撮影）

図2-18●ドロノキの綿毛のような種子
ドロノキの綿毛が親木にたわわにぶらさがっている（左）。綿毛は風に乗って空を舞い、森の中に広がって、地上に雪のように積もる（右）。よく見ると、芥子粒のように小さい種子が綿毛に覆われている。（大白川、2020年8月30日撮影）

図2-19●大白川谷のドロノキ林
広い川原に沿って背の高いドロノキ林が分布している。（2004年撮影）

図3-2●御嶽山の亜高山帯林
マイクロウェーブの中継タワー上から撮影した。写真の中央上部に大きなギャップがあり、これがP−1（トウヒ・コメツガ林）の上端にあたる。その右側のなだらかな斜面にP−2（シラベ・アオモリトドマツ林）がある。（1981年頃に撮影）

図3-3●転石地のトウヒ・コメツガ林（P−1）
転石地の方々で、トウヒの巨木が根こそぎ倒れていた。根株の直径は4m以上に及ぶ。倒木の状態から、伊勢湾台風が来襲した時の凄まじい状況が想像できる。調査時には、ジャングルジム状態の林床が延々と続いていた。（1982年頃撮影）

図3-4●平坦地のシラベ・アオモリトドマツ林（P−2）
平坦地の林床には、多数の前生樹が生えていた。これらの稚樹の一部は、親木の後継者になるのかもしれない。ただし、林冠には小さなギャップしか存在しなかった。（1982年頃撮影）

図3-16●御嶽山プレハブ小屋の「雪あげ」
御嶽山にあった思い出の研究拠点。豪雪のため、春にはプレハブ小屋が雪にすっかり埋もれてしまう。雪下ろしの際には、まず屋根を掘り出す必要があった。(1988年頃同行者撮影)

図3-19●大白川谷のブナ原生林
冷温帯上部の豪雪地帯にあり、よく成熟したブナ林である。写真の中央下に学生が小さく写っている。(2004年撮影)

図3-23●ミズナラの巨木はひとつの着生空間
巨木の樹体は、多くの植物の棲み家となっていた。(2004 年撮影)

図4-3●森林の分断化
広葉樹二次林がスギの拡大造林地で分断されている。それぞれの森林は、互いに半ば隔離されている。(岐阜県高山市清見町、2021 年撮影)

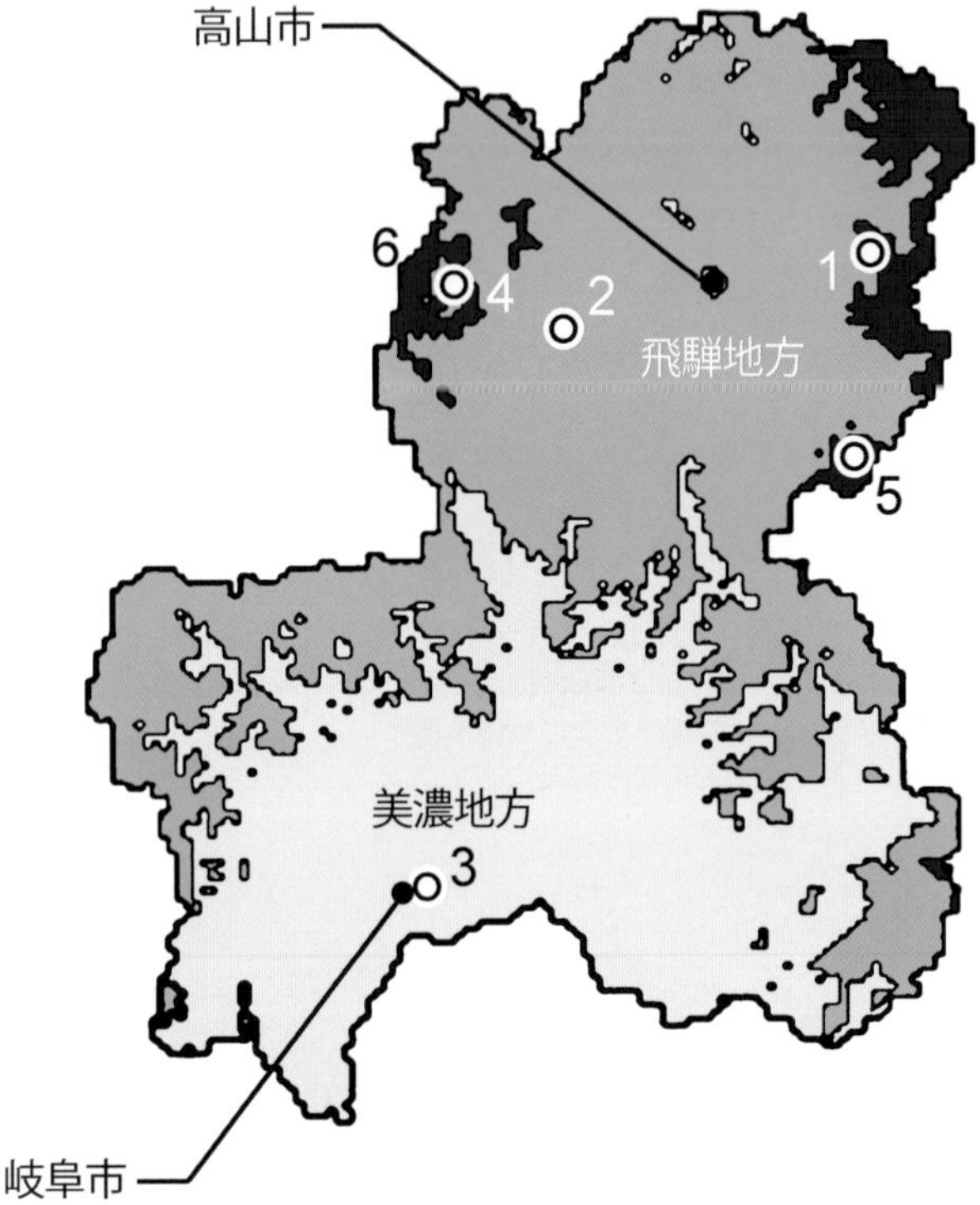

図1-20●岐阜県における森林帯の分布、および森の来歴を探った6カ所の調査地

森林帯は、暖温帯の常緑広葉樹林（黄色）、冷温帯の落葉広葉樹林（緑色）、亜高山帯の常緑針葉樹林（青色）に分かれる。なお、中間温帯林（中間温帯）と山頂付近にみられる高山植生は省略した。月平均気温から推定したので、積雪深などの他の要因は考慮していない。

調査地は、第2章で乗鞍山麓丹生川のシラカンバ林（地点1）、高山市荘川のミズナラ・カエデ類など落葉広葉樹混成林（地点2）、岐阜市金華山のツブラジイなど常緑広葉樹林（地点3）、白川村大白川谷河川敷のドロノキ林（地点4）、および第3章で御嶽山の亜高山性のモミ類・コメツガ・トウヒなど常緑針葉樹原生林（地点5）、白川村大白川のブナ原生林（地点6）とした。

はじめに

陸上の生物世界で、とりわけ森林は規模の大きさと生物の多さで他を圧倒している。堂々とした原生林の姿は、人々に頼もしさと美しさを感じさせ、ある種の畏敬をも与えてきた。ところが、森の姿は昔とずいぶんと変わった。そこに棲む生物にもいなくなったものがいる。人間は、森林という生態系を、以前にない姿に作り変えてしまったようだ。そればかりか、どう作り変えたかも忘れかけている。

宇宙の誕生以来一三八億年かけて、物理法則にしたがって星が生まれ、地球には生命が誕生した。そして、膨大な数の生物種が、生物法則に基づく世界を作って現在に至っている。宇宙は今も膨張し続けている。私たちは、変わり続ける四次元の時空の片隅に生きている。この生物世界の中で、人間は多くの種の中のひとつであるにすぎない。人間は、地球の歴史のほんの一瞬を占めただけなのに、地球上の生物世界に大きな影響を与えている。私たちが直面する森林問題は、こんな一瞬に起こっている出来事なのだ。地球史の上で一瞬に起こったこととはいえ、今の森林がどのようにしてでき、これからどこへ行こうとしているのか、それを理解することは自然の姿を読み解くうえで重要だ。

最近、私たちは、自然の変質に不安を感じることが多くなった。とくに森林域で不安が高まるのは、豪雨による山崩れなど極端な気象現象に起因する災害に遭遇した時である。しかし、自然の変質は元を質せば人為による可能性が高い。遠い昔から、人間は森林を自らの要求に合わせて使ってきた。陸地にある重要な生態系を作り変えたことで、生物世界全体の歯車が狂ってきたとも考えられる。不安を解消するためにまず必要なことは、人間が長い時間をかけて森林に与えた変化を分析し理解することである。事の顛末がわからないと、根本の原因はつかめない。現代社会にとって、森の来歴を理解することが以前にも増して重要になっているのだ。

幸いにして私たちは科学という手段を持っている。人間社会と森の来歴の関係は、フィールド科学の手法を使って解き明かすことができる。フィールド科学は、その地で起こった生の現象を徹底的に調べることをモットーにしている。一度、森林世界の成り立ちについて、生態学の理論だけではなく、人文や歴史を含めた広い分野から俯瞰してみたい。これが本書を書いた大元の理由である。もちろん、この種の研究は本書が初めてというわけではない。しかし、自分の住む地に足を着けて調べた結果を、第一人称の言葉で著わした例は極めて少ない。たいへん手間のかかる方法とはいえ、これにより森林に対する理解がもっと深まるに違いない。岐阜県に分布する飛騨の高山から美濃の低山まで、自分の眼で観て手足を使って調べて考えたことを思いきり書き綴ることにする。

　私たち岐阜大学の森林生態学研究室は、飛騨・美濃にある六カ所の森の来歴を推理し、その森林の発達や維持と関わりのある現象を調べ続けてきた。これらは広葉樹二次林や原生林である。なにぶん小さな研究室なので、フィールドでの作業に長い時間がかかった。最初に調査地を設けたのは、かれこれ四〇年も前のことである。毎年、教員が複数のテーマを提案し、新入りの専好生がその一つを卒業研究や修士研究のために選んだ。我々の学科を専攻する学生のうち、森のことが好きでたまらない彼らのことをこう呼んでいる。専好生のテーマを決めたあと、研究室全員で野外調査を行い、年に数回、彼らの調査結果をゼミで検討する方法を採った。それを学会で発表し学術誌に文章を残し、卒業論文や修士論文ができることで、そのテーマが完結する。そして、別の新人が次のテーマにまた移る。それを繰り返した。本書はそのまとめでもある。今となっては、古き良き時代の大学の香りがするかもしれない。分析の方法には簡明でオーソドックスなものを選び、自前のデータと分析方法の組み合わせで森の来歴を推理した。

　全体の文章は、エッセイで森林科学のドキュメンタリーをくるんだ構造になっている。生物世界への接し方、森の来歴の意外さとその面白さ、フィールド研究の方法と工夫、調査現場での苦楽、これらのことを楽しんでもらえれば幸いである。本書は一つの研究室の教員二名の共著であるが、ともに拡大造林がほぼ終わってから森の姿を見つめてきた者である。文章には、できるだけ「私」という一人称を使った。また、それぞれのテーマで奮闘してくれた当研究室の専好生の氏名を、文中の関係部分に書き込むようにした。なお、森の来歴を語る場面の中で、先行する二冊の著書を参考にした（小見山 二〇〇〇『森の記憶：飛驒・荘川村六厩の森林史』、小見山・荒井・加藤編 二〇一二『岐阜から生物多様性を考える』）。

それでは、森の来歴を調べる旅に出かけることにしよう。

◉目次

はじめに……i

第2章……二次林でみつけた激動の物語……75

第4章……波乱万丈のあとで……207

第1章　森の来歴を探る

森は人の世を映す鏡であり、意外な来歴がその中に隠れている。悠久と思われる自然も、人間の関与により姿を変えてしまう。本書では、私たちの研究室が四〇年間かけてフィールドで調べた二次林の物語、そして人里離れた原生林の物語を披露したい。まずは、その目的、森林の姿を決める三つの軸、森の来歴を調べる方法、および対象としたフィールドについて述べよう。

1　時とともに変わる森林

蒼い空に緑の樹冠がすっくと立ち、方々で鳥が鳴いている。山から見下ろす渓流には、魚が群れをなして楽しそうに泳いでいる。木々からもれる光と風、渓流のせせらぎ、虫の羽ばたき、名も知れぬけものの声など、すべてが響きあって自然は音楽を奏でている。そして、豊かな稔りの田畑と人里がその中にたたずむ。多くの人間が、こんな自然に憧れてきた。しかし、生物世界の現状は決してそのようではない。

私たちは、「山の木と生き物の姿が変わった」、「山崩れや川の濁りが多くなった」など、自然の変化を嘆くようになった。「昔はこのようでなかった」というのが現代人の口癖だ。安住の場であるべき自然が刻々と変わっていくのは、人間にとって実に困ったことである。それどころか、これは人間の生存にかかわる問題に繋がる可能性がある。

かつて、「森のように静かに、山のように動かず」という旗印を掲げた武将がいた。日本では国土の七割が森林で覆われており、たしかに、長い間この森林率は変化していない。雨の多い日本では、土地を放っておくと樹木が生える。そして、ほとんどの場所がなにがしかの森林に戻る。しかしながら、どんなに森林率が保たれていても、森林は質的に変化する。森は昔の森ではない。人間が使った二次

図1-1●広大な二次林の広がり
森林の姿は大きく変わった。写真には、二次林に囲まれて、スギやヒノキの人工林およびスキー場が見える。これらは人の世の移ろいを映している。（岐阜県高山市荘川町見当山より、2005年撮影）

林が今後どんな挙動を見せるのか、その一方で原生林は不変の姿を保つのか、それらのことをよく調べる必要があるだろう。

いわゆる里山と奥山の二次林には、変化し続ける森林の姿が顕著に表れている（図1―1）。昔の農山村は、在所の常畑で行う農業や里山と奥山で行う林業・薪炭生産・焼き畑などで綿々と生計を立てていた。山は人の暮らしを支える源であった。ところが、農山村の姿が変わると、森の姿も一変する。一九六〇年代以降、広葉樹林で行われていた薪炭生産や焼き畑耕作が次々とその役割を終えていった。そして、その一部の場所を使って、後に述べる拡大造林が行われた。このほか、時代の趨勢でスキー場なども造成された。実に、図1―1の景観には、そんな歴史の跡が映しこまれているのである。

また、近年になって松枯れの影響でアカマツ林の多くが里山から退場した。東海地方以西では、アカマツ林の跡地にナラ類などの落葉広葉樹林が成立し、旧薪炭林の一部とともに、これら落葉広葉樹林は使われないままに半ば放置されて、現在では高木林化しているという（大住 二〇一八）。高木林化とは、森林の樹木が成長して背が高くなる状態を指す。大住の見解にしたがうと、二次林は概して成長の途上にあるようだ。果たして、二次林は現在どんな状態にあるのだろう。この点は重要なので、私たちも後で検証を加えることにしよう。

二次林が身近な場所にあれば、本人の体験や観察により、森林に何が起こったかだいたいのことを察することはできる。しかし、それ以前の過去のこと、離れた場所のことになると、森林に何が起こったかはほとんどわからない。また、人里から離れた原生林も同じ状況にある。過去に森林がどのようにしてでき、将来どんな姿になるかを調べることは、私たちの暮らしを守るために重要な意味を持つ。これは、本書の基盤をなす考え方である。

ここで、森の区分を表す言葉について説明しよう。森林を、人間の関与の仕方によって「二次林」・「人工林」・「原生林」の三つに区分することができる。「二次林」は、村人が行う焼き畑のような生業、あるいはパルプ材採取のような産業で使用した後に、何も植栽せずに自然に成立した森林を指している。様々な樹種で構成されることから、雑木林と呼ぶことも多い。この雑木林という言葉は、後に示す里山の農用林のことを指す場合もある。同様に人間が作った森林に「人工林」がある。これは、スギ・ヒノキ・カラマツなどを植林して、人間が木材生産を行うために作った林業用の森林である。一方、「原生林」は、人間の影響が入らない森林を指す。原生林は、森林の原型をなし、本来の生物相と環境を保存する上で貴重とされる（吉良 一九六三）。しかし、原生林にも人の活動の痕跡をたまに見るので（渡辺 二〇二二）、人間の関与が極めて小さい森林と考えた方が良い。

このような出自は、森林の外見に特徴を添える。たいていの「人工林」は、大きさのそろったスギなどの商業樹種が、ほぼ一定の間隔で立ち並んでいる。「原生林」は、基本的に人里離れた場所にあって、巨木と老木が織りなす林冠、植生帯を代表する樹種、高木から低木まで分かれた階層構造(注1)を持つ。「二次林」は、相対的に小型の樹木で構成され、樹種構成も様々で、階層構造は未発達である。このような外見の違いから、予見的に森を三つのパターンに区分することができる。ただし、それぞれの詳細な森の来歴は、後に述べる方法で調べる必要がある。

さて、岐阜県で、森林の三区分それぞれの面積割合には、大きな偏りがあるようだ。都会に住む人は、原生林が結構残っていると思っているかもしれない。ところが、筆者が足で稼いだ経験と岐阜県が作成した森林・林業統計書などで調べたところ、驚いたことに「原生林」は岐阜県面積のほんの五％を占めるにすぎなかった。片隅どころか、すでに原生林は希少な存在になってしまっていたのである。

残りの面積は、五四％の「二次林」と四一％の「人工林」となっていた（小見山 二〇〇〇）。つまり、岐阜県では、森林面積の大部分を、生業と産業で使った二次林と、林業で使った人工林とが、ほぼ半々の割合で占めている。人間が森林に加えた力は、こんなにも大きかったのである。今や原生林は希少となり、二次林と人工林は面積の上で無視できる存在ではなくなった。

人工林のことは、大学の林学教室や国公立の林業試験場の活躍で、すでに研究が進んでいた（コラム3）。この研究を始めた四〇年前の時点で、知識の空白を見たのはむしろ二次林と原生林の方であった。これらに関する研究は、森林域とその自然環境を維持するために今や大変重要である。そこで、私たちは、特徴的な外観を示す二次林と原生林について、森ができた経緯すなわち「森の来歴」をさらに深く調べることにした。そして、飛騨と美濃地方の森林で仕事を続けるうちに、「二次林は成長の途上にあるのか」、「二次林は原生林に回帰するのか」、「原生林は常に変わらない姿を保っているのか」という根源的な疑問が湧いてきた。本書では、これらの疑問を解きながら、二次林と原生林に関わる知識の空白を埋めようとした。

森林の骨格を構成する樹木

森の来歴を語る前に、森林の骨格を構成する樹木について説明する必要があろう。とはいえ、樹木の生活のすべてを解説するのはいささか荷が重い。ここでは、森の来歴を解読する時に必要な、樹木に関する知識を説明することにした。また、私たちが調べた落葉広葉樹のフェノロジーに関する挿話から、樹木の不思議な生活の一端に触れてもらいたい。

原生林も二次林も、その骨格はもとより樹木でできている。樹木は、人間より体のサイズがはるかに大きく、しかも長生きする。これだけでも、人間が樹木の生活を理解するのは困難である。おまけに、樹木は土壌の養水分と太陽の光を取り入れるために、根―幹―枝―葉という体制のもとに光合成を行いながら、一つの土地にしがみつく固着生活を送っている。移動できる動物とは違って、樹木はその場所の環境にすがって生きるしかないのだ。日本のように四季を持つ場所では、樹木の生活は季節に縛られている。とくに、植物の葉のフェノロジーが面白い。フェノロジーとは、生物の生活と季節の間の関係性をいう生態学用語である。これについては後に「春の芽吹き」のことを述べる。

皆さんは、樹木に針葉樹と広葉樹の違いがあることはご存じだろう。両者では葉の形が異なっていて、針葉樹ではスギやアカマツのように尖った葉を持つもの、ヒノキのように鱗片葉の集合体を持つものなどがある。それに対して、ブナやツバキなどの広葉樹では、水平に伸びた広い面積を持つ葉を枝につけている。植物分類学上、針葉樹は裸子植物に、広葉樹は被子植物に属しており、針葉樹は進化的にみて起源が古い。このために、水を根から吸い上げる通路である仮道管と道管の違いなど、樹体の組織構造も少し異なっている。現在の地理分布の中心地は、針葉樹が寒い北方の地域にあるのに対して、広葉樹は暑い南方の地域にある。温帯では両者がまさしく混在しており、主として天然の針

図1-2●常緑樹と落葉樹の違い
常緑広葉樹のアラカシは冬にも葉をつけている。周囲にある落葉広葉樹のコナラ・ヤマザクラ等はすべての葉を冬に落とす（岐阜県本巣市、2023年1月撮影）。なお、針葉樹にも常緑性と落葉性がある（本文）。

葉樹が乾燥した尾根部に、広葉樹が湿潤な谷部に分布している。
つぎに、樹木には常緑樹と落葉樹の違いがある（図1―2）。樹冠に一年中葉を持つものが常緑樹である。ただし、個々の葉の寿命を見ると、数年以上の種類もあれば、数ヶ月間で絶えず新しい葉に入れ替わるものもある。つまり、樹冠に緑葉が常に存在するという意味合いで「常緑」なのである。美濃地域であれば、広葉樹のツブラジイやアラカシが常緑樹の代表格となる。これに対して、一年の間に葉をまったくつけない期間を持つのが落葉樹である。飛騨地域であれば、ブナやミズナラといった樹木が落葉広葉樹の代表格となる。なお、針葉樹ではカラマツがこの地域に分布する唯一の落葉樹である。

一般に、これらの落葉広葉樹は春から秋にかけて葉をつける夏緑性を示す。しかし、世界的にみると二つの系譜があり、日本などの冷温帯林で冬の低温が光合成に適さないために落葉する「夏緑樹林」と、タイなどの熱帯季節林で乾季の乾燥がそれに適さないために落葉する「雨緑樹林」に分かれる。いずれの場合も、樹木の生育に不適な期間が落葉の時期にあたる。

また、樹木には、前に述べた森林の階層構造にしたがって生活するものがいる。森林内にできたこの成層構造の中で、それぞれの樹種群が分かれて暮している（図3―19、ブナ林の例を参照）。したがって、樹木には高木と低木という生活史上の違いがある。この中間に、亜高木を加えることもある。大きく分けて、森林の上層を占めるのが高木で、その下層を占めるのが低木である。高木には前述のブナ・ミズナラ・スギ・カラマツなどがあり、低木にはツツジ類や後に挙げる大白川のオオカメノキ、金華山のナガバジュズネノキなどがある。ただし、森林の低木層には、成長の途中段階にある高木・亜高木が混じっていることに注意がいる。このほかに、樹木には遷移初期種と後期種の違い、それと関連して陽樹と陰樹、または急成長樹種と緩成長樹種の違いがある。これらについては、後で詳しく説明するが、森林の遷移の過程においても樹木の種が棲み分けていることを示している。

こんな樹木の生活には、前述のフェノロジーに関係する複雑な事情がある。落葉広葉樹が、それぞれ「春の芽吹き」のタイミングを決める過程にその一端が見られる。環境に合わせて生活する樹木の様子がこの例でよくわかる。少し長くなるがその事情について説明しておこう。

ここで、春の芽吹きとは開葉現象のことである。私たちは、高山市荘川の調査地で、春先における落葉広葉樹の開葉の順序を調べたことがある。この調査地では、春のはじめにバラ科のウワミズザクラやカバノキ科のシラカンバの芽吹きが始まり、ついでカエデ類やトチノキ・ミズキ・ハルニレといった樹種の芽吹きが始まる。最後に芽吹くのは、ブナ科のクリやコナラのほかヤチダモ・キハダであった。面白いことに、芽吹きの順序は毎年ほぼ同じであった。

春の芽吹きは、どのようにして決まっているのだろう。それは、その樹種が示す通年の着葉期間に影響を与える。開葉時期が早いほど光合成を行う期間が長くなる。また、春先の新葉が高い光合成能力を持つことも、物質生産の面で有利となる。これだけみると、開葉を早めた方が良さそうに思えてくる。ところが、春の季節には、晩霜害という植物に対する低温障害が数年に一度の割合で訪れる。芽吹いて間もない新葉がこれに遭うと、一時的に葉が全滅することがある。高山市荘川でも、一九八六年五月末に晩霜害が起こり、六厩川の谷で多くの樹種の葉がすべて茶色くなった（小見山・水崎 一九八七）。つまり、落葉広葉樹が早くに開葉すると、年間の光合成にとって有利になっても、晩霜害を受けるリスクは高くなるのである。自然界では、単一の性質が一方的に有利に働くことはない。樹木は、早すぎもせず遅すぎもしないように、それぞれの芽吹きのタイミングを決めているようだ（小見山 一九九一）。

この芽吹きのタイミングは、意外にも木材構造と関係があることがわかった（小見山 一九九一）。ある時に、筆者が木材図鑑を眺めていると、散孔材と環孔材の違いが書かれていた。落葉広葉樹には、年輪がやや不明瞭な散孔材を持つ樹種と、それが明瞭な環孔材を持つ樹種に分かれる。写真に見るように、ブナ（散孔材樹種）とミズナラ（環孔材樹種）ではたしかに年輪の見え方が違っている（図1―3）。その見え方が異なるのは、道管形成の季節リズムが両者で異なるためである。散孔材では細かい道管が春から夏を通して作られる。これに対して、環孔材では春先に太い道管が作られ、それ以降は道管が急に細くなる。つまり、道管の直径は、散孔材では全般に細く、環孔材では春先のものが太くなっている。道管は根で吸い上げた水を葉まで上げる組織なので、開葉と密接に関係するはずである。

たしかに、高山市荘川で調べた開葉の順序でみると、それが早い樹種はすべて散孔材を、遅い樹種はほとんどが環孔材を持っていた。また、年輪の写真例に示したブナの開葉は早く、ミズナラのそれは遅いことが一般に知られている。落葉広葉樹の芽吹きが、道管のサイズ分布に関係する理由とは何だろう。調べてみると、実は、それが冬季から春季における道管の水切れという現象に関係することがわかった。

落葉広葉樹にとって、冬は寒いばかりでなく生理的にみると乾いた季節でもある。この季節に、道管を満たす水が凍結融解によって生まれる気泡によって途切れると、道管の機能は失われる。こんな水切れは、太い道管を持つ環孔材で起きやすいが、細い道管を持つ散孔材では生じにくい。細い道管では水が凝集力を維持できるからである。つまり、散孔材樹種は、前年に作った道管を翌年の春にも

図1-3●ブナとミズナラの幹の断面
散孔材と環孔材の断面で、年輪の見え方が違うことに注目されたい。上：ブナの散孔材　下：ミズナラの環孔材。いずれも、岐阜大学位山演習林で採取した直径10cm程度の幹材である。同演習林職員の都竹彰則氏と青木将也氏から写真の提供を受けた。

使って、早くから芽吹くことができるのだ。ところが、環孔材樹種は、前年に作った道管の多くがすでに機能を失っているために、翌春にはまず道管の形成から始めねばならない。環孔材樹種では、意外にも幹が太り始めてから葉が開く、このために芽吹きは遅くなる。これら一連のことは、樹木が与えられた環境に合わせて生活する具体的な一例である。

本書で森の来歴を解読していく時に、樹木がこんな生活を送っていることを認識する必要がある。この節で書いたことを要約すると、まず樹木を観察する時には、針葉樹と広葉樹、常緑樹と落葉樹、高木類と低木類、そして陽樹と陰樹の違いに注目する必要がある。これらの違いがわかれば、その森林で樹木がどんな生活をしているかを、概ね理解することができる。つぎに、散孔材と環孔材の例からわかるように、固着生活を送る樹木は、葉のフェノロジーと樹体各部の構造を調整して、最適な光合成生産を行えるように生活を工夫している。樹木の生活は、棲み場所の環境に縛られているのである。いかに身近な存在であろうとも、実に、樹木とは不思議な生物である（コラム1）。

これから述べる物語は、こんな樹木が作る森林の出来事を綴ろうとしている。今、人間は「生態系」という概念に基づいて、生物世界の時間変化を分析している。近年は人間活動が旺盛になり、森の来歴は明らかに人間の行為の影響を強く受けている。次節では、これらを整理して、何が森の姿を決めるかについて考えてみよう。

column

コラム01 葉のフェノロジーの妙

冬緑性！

植物の中には、面白い開葉の性質を持つものがいる。里山の春を彩るカタクリは、上方にある樹木が葉を開く前に葉を出し、林床で明るい光を受けて成長する。地上に可憐な姿が現れる。そして夏には葉を枯らし、静かに翌春の到来を待つ。一方、秋の彼岸の時期に畔のヒガンバナは、着花の後に葉を出して、翌春まで光を受けて球根を太らせた後に葉を枯らす。植物が、何らかの季節的リズムを検知して葉を出す現象は面白い。

一般に、落葉樹は春から秋にかけて葉をつける夏緑性を示すが、ごく一部の低木にはなんと夏に葉を落とすものがいる。これを冬緑性と呼ぶ。これには、オニシバリなどが知られている。ジンチョウゲ科の落葉低木であるオニシバリは、夏以外に林床が明るくなる時にだけ葉をつける（図1―4）。鬼も縛れると例えられるほど樹皮が強靱なのでこの名がついた。別名をナツボウズ（夏坊主）という。これは奇妙とも賢明ともいえる生き方である。筆者らも、岐阜県の養老山地でたまに出会うことがある。

常緑あるいは落葉という性質は、通常、種によって決まっている。しかし、ニシキギの場合は、生育環境によって落葉か常緑かが異なることが知られている。ニシキギは枝に翼があり、秋になると紅葉が美しいので、庭や公園によく植えられている。翼は枝の周りに二対あり、一対の向かい合わせの翼が葉の付くごとに九〇度場所を変える。植物学的にニシキギと同種とされるコマユミという樹木もあり、こちらは美濃から飛騨地域まで山の中でよく見られる。コマユミの枝には翼がない。美濃周辺でコマユミは冬に落葉樹として葉を落とす。しかし、飛騨の多雪地では、下枝の葉がほとんど紅葉または落葉せず、冬に緑葉を付けたまま雪に埋もれるようである。翌春の雪解け後に新しい芽が伸びた頃に、古い葉の多くが落ちるが、長い場合は三年目までその葉を付けたという報告もある。

図1-4●冬緑性のオニシバリ
ジンチョウゲ科のオニシバリ（夏坊主）の落葉低木は、この写真のように冬など林床が明るい時に着葉する。ところが、夏になり林床が暗くなると落葉する。岐阜大学の片畑伸一郎氏の提供による。（和歌山県、2007 年 5 月撮影）

大きなクリの木の下で

前に述べた芽吹きの時期の違いは、落葉広葉樹林の動態にまで関係している。高山市荘川の調査地では、シラカンバからクリまでの芽吹きには、同じ場所でも一ヶ月程度もの差がある。芽吹きの時期は、その下の光環境に影響を与える。そして、遅くまで葉が開かないクリの木の下の北側には、春の遅い時期まで陽光が射し込むことになる（図1—5）。

実は、このことが面白い効果をもたらしている（小見山ら　二〇〇一　英文）。春の光は若葉の生育にとって極めて重要である。落葉広葉樹の芽吹き時期の違いは、それらの樹冠下に棲む若木の分布に

図1-5●落葉広葉樹林の全天写真
春の山には、未開葉の樹冠を通して、陽光が林床に降り注ぐ場所がある。

影響を与えていたのである。すなわち、春に陽光が長期間にわたり入射する場所ほど、林床に存在する若木の密度が高くなっていた。これらの若木の一部は、将来、林冠にまで達する可能性がある。大きなクリの木の下には、木々の子供達が長い春を謳歌して成長しているのだ。

ちなみに、クリはブナ科のカスタネア(*Castanea*)属というグループに属している。幼児や小学生がよく使うカスタネット(Castanet)の語源は、クリの実を二つに割った形を語源とし、一七世紀のスペイン語にまで遡る。日本では、縄文時代の遺跡である青森県の三内丸山遺跡に、直径約一メートルもあるクリの柱が、腐りもせずに地中から出土したことが知られている。幹の中心部の心材には、リグニンという物質がたくさん蓄積している。このリグニンは防腐剤のような役割を果たし、酸素・水分・栄養を遮断して腐朽菌の繁殖を妨げている。このような心材を持つことが、樹木の長生きする秘訣に通じる。

2　森林の姿を決める三つの軸

映画やテレビで樹木や森林の映像を見る時に、私は、それがどんな場所で撮られたか当てようとする妙な癖を持っている。その土地がどこか知らないでも、気候と樹木分布の知識があれば、その森林の映像から、地域をだいたいは推測することができる。地域を見分けるポイントで最も基本となるのは、常緑広葉樹と落葉広葉樹の見た目の違いである。シイ・カシ類など常緑広葉樹は、どの季節にも厚ぼったい濃緑色の葉をつけている。それに対して、ブナやカエデ類など落葉広葉樹は、生育期に淡緑色の葉をつけている。もちろん、秋には紅葉する。両者の違いから、常緑広葉樹林があれば暖かい地方の映像で、落葉広葉樹林があれば寒い地方の映像であると判断できる。その映像が日本の南か北かで撮られたかは、これでだいたいわかってしまう。

樹木全体の印象も大いにヒントになる。いくつかの樹種は、幹の色や葉の形に大きな特徴を持っている。たとえば、シラカンバは、東日本の高原だけに分布する樹種である。この木は幹の映像からすぐに識別できる。純白の樹皮を持つからである。また、落葉性の針葉樹であるカラマツの薄緑色の樹冠が出てくれば、標高の高いところで撮った映像であることがすぐわかる。南方の森林では、巨大な葉を持つ木生シダやすらっと伸びた幹を持つヤシ類などが参考になる。何でもないことだが、地域や地名までが当たれば楽しいものである。

こんな判別が可能なのは、樹木の分布が土地の環境条件に縛られているためである。時々、映像の内容が森林の舞台に合わないと感じることがある。たとえば、尾張地方（今の名古屋市周辺）を題材にした時代劇の映像に、カラマツの植林地を背景にしたものがあった。尾張は暖地なので、カラマツは存在しないはずである。多くの暖温帯（照葉樹林帯）がすでに市街化したので、ロケ地選びも大変なのであろう。時代考証ならぬ、自然考証の失敗である。

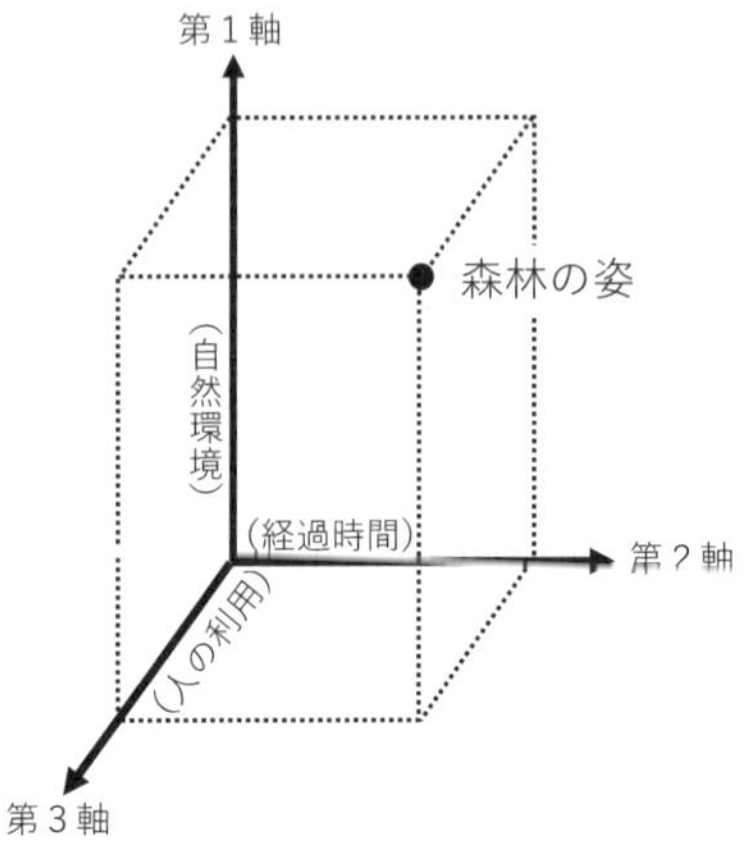

図1-6●森林の姿を決める三つの軸
森林の姿は、自然環境・撹乱以後の経過時間・人の利用で決まる。小見山（2000）を改変。

ただし、森林の姿は、このような気候ばかりで決まるのではない。植生が定着してからの経過時間すなわち植生遷移上の位置、および前述の人の利用によっても変化する。言い換えると、これら三つの要因が組み合わさって、その場所にある森林の構造や樹種構成を作っているのである。この関係を三次元グラフで表したのが図1―6である（小見山 二〇〇〇）。三つの軸が持つ意味を順に説明しよう。

第1軸「自然環境」

自然環境の主要な要素として、温度・湿度・地質・土壌があるが、日本では森林の分布が驚くほど単純な原理で決まっている。それは、温度条件である。積算気温の一種である「温量指数（暖かさの指数）」は、平均気温が五℃以上の月を対象にして、各月の平均気温から五℃を差し引いた値を一年間足し合わせた値で計算される。ここで、五℃という値は、植物が活動を始める気温とみなしている。この温量指数は、植物の活動期に受ける温度の積算量に相当する。これは実に強力な予測手段である。

なお、温量指数だけが主要な説明要因である理由は、日本では梅雨・秋雨・台風・降雪に見舞われるため、四季を通じて水不足があまり生じないためである。したがって、日本を離れて砂漠などの乾燥地帯では、温量指数だけから植生を判別することはできない。また、それ以外に土壌要因が森林の姿に制限を与えることもある。たとえば、滋賀県と岐阜県にまたがる伊吹山や各地のカルスト地帯の石灰岩地帯、群馬県の至仏山や各地に点在する蛇紋岩地帯では、塩基性または超塩基性の基岩に適応した植生ができる。これらの場所では、土壌の特殊な性質に則した植生が成立している。

さて、吉良（一九四八）は、日本を含む東アジアの森林分布が、忠実に温量指数と関係することを示した。温量指数の値は、熱帯多雨林（二四〇以上）、亜熱帯多雨林（一八〇〜二四〇）、暖温帯林（八五〜一八〇）、冷温帯林（四五〜八五）、亜寒帯林（一五〜四五）、および寒帯（〇〜一五、高木は存在しない）

となる。つまり、それぞれの場所で月平均気温がわかれば、どんな森林がそこに分布するかを当てることができるのだ。温量指数の計算は、気象データさえあれば簡単にできるので、たとえば理科の年表や気象庁のウェブサイトのデータを使って、皆さんの居住地がどんな場所か一度調べてほしい。雨に恵まれた日本という場では、森林が温量指数に基づいて配列している。これが第1軸の主要な説明要因となる。

教科書的に第1軸の森林の並びを記述すると、亜熱帯多雨林帯から暖温帯までは常緑広葉樹林が分布している。そして、気温が冷涼になると冷温帯となり、ここには落葉広葉樹林が分布している。気温がさらに冷涼になると、亜寒帯（亜高山帯）には常緑針葉樹林が分布し、寒帯（高山帯）には矮性の木本植物やお花畑が分布している。こうは書いても、実感を持つにはほど遠いだろう。実際にこれらの地を歩いて観察するのが一番とは思うが、すぐにできることではない。日本列島を南から北まで足早に移動して、それぞれの植生帯が持つ森林のイメージをひねり出してみよう。

まず、沖縄には熱帯と共通する性質の樹木が生えることがある。ガジュマルのように長い気根を持つ「絞め殺し植物(注2)」や、奇怪な形の根を持つマングローブが海辺に生えている（コラム6）。これらを見ると、この亜熱帯の地がずっと南にある熱帯に繋がることを実感する。ついで、日本列島を北上すると、常緑広葉樹の森林が綿々と続く。本州の暖温帯でよく眼にするのは、日の光をてらてらと照り返す葉をつけたシイ・カシ類で、濃緑色で厚みのある葉を年中つけている。森林の内部はうす暗く、全体として鬱蒼とした雰囲気の森になる。そんな照葉樹の一つツブラジイは、五月になると花を一斉に咲かせて、山の一画を金色に染める。同じ常緑広葉樹でも、ブナ科のシラカシ・アラカシ・アカガシなどはドングリ（堅果）が実るので、子供の頃にそれでコマや笛を作ったことを思い出す。縄文時代の頃は、これらは食料源でもあったようだ。

本州をさらに北上すると、冷温帯の落葉広葉樹の森林に入り込む。これらの林は冬にすべての葉を落とす。こんもりとしたブナやミズナラはこの森の代表格である。成熟したブナの木は蘚苔類の模様のついた灰白色の樹幹を持ち、その上部に、堂々とした枝葉を四方に伸ばすので、その存在がよくわかる。ミズナラは、この森ですごい巨木に育つことがある。巨木の幹の太さは圧巻で、枝もすごく太い。これらもドングリを付けるが、ブナの実を食べたことのある都会の人は少ないだろう。オイリーでうまい。実を食用にするといえば、水辺には天狗の団扇のような葉をつけたトチノキもある。こちらは、タンニンやサポニン類の苦みを除去するまでは、実が苦くて食べられない。これら大木のはざまに生きる落葉広葉樹もいる。蛙の手の形をした葉を持つカエデ類、ヤマザクラなど春の山を彩るサクラ類、香り高いクロモジ、稲穂のような花をぶらさげたシデ類、樹皮の繊維を利用していたシナノキなど、実に多士済々である。

北海道の北辺に至ると、気温がぐっと下がって、亜寒帯の常緑針葉樹の森林に入り込む。本州の中部地方でも、山岳の亜高山帯がこれに相当する温度となる。ここには、クリスマスツリーの形をした

図1-7●最寒地の高山帯の植生
森林限界を超える場所に、背の低いハイマツ林が広く分布している。いわゆる「お花畑」などもここにある。（御嶽山、2020年撮影）

樹冠を持つマツ科のシラベやトウヒなどの常緑針葉樹が生えている。これら針葉樹群の黒々とした樹冠が連なる林冠には、他の森林にはない整然さが備わっている。さらに、森林限界を超えて日本アルプスなどの山脈に立つと、すでに背の高い樹木は存在せず、地面を這うハイマツ（図1—7）や、背の低いゴゼンタチバナ・アオノツガザクラ・チングルマなど、高山帯の植物がお花畑を作っている。これら亜高山帯や高山帯の植生は、遠くシベリアのタイガを経て北極のツンドラ地帯に繋がっている。

このように、日本を移動すると、様々な樹木のキャラクターに会える。それらは、日本の南方と北方に連結する姿を持っている。あらためて、それぞれの樹種は主として温度条件にしたがって規則的に配列していることがわかる。冒頭の映像に関する挿話は、そんな性質に関係しているのだ。

第2軸「経過時間」

時間の経過によっても、森の姿は変化する。これを第2軸とする。森林と植生の姿が時間とともに変化する現象は、生態学で植生遷移と呼ばれている。植生遷移は、初期に以前の植物相の痕跡が残るか否かで、「一次遷移」と「二次遷移」に区別されている。それぞれで植生遷移上の経過時間が、森林の姿を決める要因となる。

過去の植物相が一掃された後に起こる一次遷移は、時として人に大災害をもたらす要因で発生する。一八八三年に、インドネシアの火山島クラカトアで歴史的な大噴火が起こった。その噴火音は、数千キロメートル先まで届いたそうである。噴煙は成層圏にまで達し、数年間にわたり異様な夕焼けが世界各地で見られた。ムンクの有名な絵画『叫び』は、この夕焼けを見て描かれたとの説がある（図1―8）。こ

図1-8●ムンクの『叫び』
エドヴァルド・ムンク作、オスロ市立ムンク美術館所蔵

の噴火でクラカトア島の三分の二が吹き飛び、その後に火山灰が数十メートルも積もり、以前の生物要素が完全に消滅した。時間を追って調べると、最初の数年間は植生がまったく存在しない状態であった。そのうち、シダ類やイネ科植物が侵入を始め、五〇年たった時点になると高さ数十メートルのアカネ科樹木の森林ができた。短期間で結構立派な森林ができるものだ。なお、この島は現在もたびたび噴火し、一次遷移を繰り返している。

日本で一次遷移を調べた例に、桜島の溶岩台地の研究がある（田川 一九六四 英文、服部ら 二〇一二）。ここでも前の例と同様に、桜島の噴火から始まって、最終的には常緑広葉樹林ができあがるとされる。天変地異による災厄をもたらすものとして、あるいは火山の噴火への対応が防災的に重要であるために、その記録が綿密にとられていた。溶岩流が起きた場所とその年代が特定できるので、時系列に並べて植生の時間変化を推定したのである。また、二〇一三年に小笠原諸島で「西之島」が再噴火した。ここでは、一九七三年以来の噴火で海洋中にほぼ孤立した新島が形成された。溶岩や火山灰などで覆われたこの土地に、二〇一九年には数種の維管束植物が存在したという（上條ら 二〇一九）。この西之島でも、どのような経過で生物が侵入するかが継続して調べられている。

一方、二次遷移は、前代に存在した植物相を引き継いでいる。地滑りや伐採の後などに、植生が侵入してこれが起こる。最近はとくに伐採・開発に関連して人為的に発生するものが多く、一次遷移よりはるかに出現頻度が高くなっている。人為的な理由で発生した二次遷移は、ごく普通の場所が個人と地域の事情で撹乱されたものなので、それぞれの場所で綿密な記録がとられることはあまりない。植生にどのような時間変化が起こったのか、それを実証した研究例にも限りがある。そのために、二次遷移の過程には知識の空白がある。

一般に、二次遷移の時間変化のパターンは、次のように考えられている。二次遷移の出発点は、前述のように自然的撹乱だけでなく人為的撹乱によるところが大きい。一次遷移と異なる点は、伐り株や土壌中の種子など撹乱前の要素が、撹乱後に植生の一部を形成する出発点となることである。また、周囲の森林から飛来した種子がその場所に侵入することもある。これらが初期の植生を形成し、時間とともに姿を変えていく。

植生遷移のメカニズムには、三つのモデルが提案されており（コンネル・スレッチャー 一九七七 英文）、いくつかの教科書で紹介されている（荻野 一九八九、武田 一九九六）。「促進モデル」と呼ぶパターンでは、陽性の樹木がまず優占し、土壌を発達させる。この環境に侵入可能な陰性の樹木の優占が次に来る。このパターンでは、優占樹種の交代は、先に定着した樹種の環境形成機能がもたらしたものである。促進モデルは、時間とともに樹種が入れかわるパターンをあらわしている。

一方、樹種の入れかわりを考えないモデルも存在する。「耐性モデル」と呼ぶパターンでは、陽性と陰性の樹種が森林に同時的に存在し、樹種間の成長の時間的ずれが植生の変化をもたらす。すなわち、遷移の初期に陽性樹種の成長のピークが来て、後期に弱い光に耐性のある陰性樹種のピークが来る。そ

図1-9●森林の更新を阻害するササ類
ササ類は強い阻害種の一つである。ササ類が密生すると、地下茎のネットワークと厚いリター層が地表を覆い、他の植物はこの場所に侵入できない。（御嶽山の胡桃島国有林、2003 年撮影）

のために、老熟した植生では、撹乱の初期に定着した陰性樹木種が、最後まで強い影響を持つことがある（エグラー一九五四　英文）。さらに、「阻害モデル」がある。これは、二次林にとって深刻な意味を持つモデルである。たとえば、クズなどの多数の蔓が地面を覆いつくす場合や、ササ類などが林床に繁茂すると（図1―9）、樹木の更新と成長が阻害されて、高木林ができなくなる。阻害種が排除されない限り、他の樹種は生育できず、特定の場面で二次遷移の進行が停止する。これらは古典的な研究ともいえるが、実情を見ると、概ね三モデルの組み合わせで植生遷移が進行していると理解しても良いだろう。

なお、植生遷移には「極相」という特異点が存在するといわれる。充分に長い時間が経過して、樹種間の競争が落ち着くと、もはや森の姿が変化しない動的平衡の状態になる。この極相は、原生林の維持機構と深い関係を持っている。それは、ワット（一九四七　英文）が提案した「森林の成長サイクル仮説」の一局面として、特定の条件のもとで森林に動的平衡が生じている状態とも捉えることができる。この状態については、私たちが掲げた疑問「原生林は常に変わらない姿を保っているのか」に直接関係するので、第3章で論点を改めて提示し、データ分析を行いながら検証しよう。

第3軸「人の利用」

人の利用は、昔から森の姿にすさまじい力を加え続けた。その後には独特の森の姿が残される。現在みる森林の姿の多くは、過去に行われた人為的撹乱の効果が森林に積層した結果とも考えられる。この第3軸の効果を分析することこそが、本書の主要なねらいである。

第2章以降に、実際に六つの森林で調べた人為的撹乱の有無や影響を示したが、ここでは、他の文献を紐解いて、古代から現代に至る、全般的な人の利用の歴史を覗いてみることにしよう。『森の生態史 北上山地の景観とその成り立ち』(大住ら編 二〇〇五)、『里と林の環境史』(湯本・大住編 二〇一一)、『森林の変化と人類』(中静・菊沢編 二〇一八)および『林業史・林業地理』(山本 一九五八)という書物や文献を引用しながら、人と森の歴史的関係を整理して、両者がいかに緊密に関連していたかを見ることにする。

古代から中世まで

太古の昔から、人間は、生活のために大量の樹木を消費してきた。縄文時代の人々は、森でクリやドングリなど木の実を採取していたといわれる。青森県の三内丸山遺跡には、五〇〇〇年前に、人々が住居を作って定住した跡もみつかっている。弥生時代に入って水稲栽培などの農耕が始まり、本格

図1-10●東大寺の大仏殿
何度も焼失し、その都度再建された。多量の木材が建築に使われている。大寺院の建設時には、当時の森林で巨木が伐採された。(奈良県奈良市、2014年撮影)

的な定住生活が始まると、木材の使用量はさらに高まった。三世紀後半からの古墳時代には、農機具・武器・伐採器具に鉄が使用されるようになった。また、ミネラル補給のために塩も生産されるようになった。当時は製鉄と製塩に、大量の木材が薪と炭として使われた(湯本・大住 二〇一一、中静 二〇一八)。

時代が下って、六世紀に仏教が伝来すると、法隆寺や東大寺など大寺院の建設が始まり、これに大径の木材が盛んに利用されるようになった(図1—10)。東大寺の建設には、現在の滋賀県にある田上山や甲賀の山の大木が伐採され、木材を木津川で流した後に車を使って陸曳で運んだそうである(山本 一九五八)。当時の暖温帯林(照葉樹林)には、スギ・ヒノキ・コウヤマキなどの直径一メートルを超える針葉樹がたくさん存在していたはずである(湯本・大住 二〇一一)。現在、暖温帯林にこれらの巨木がほぼ皆無なのは、当時、それらの多くが伐採・収穫されたためだと考えられている。吉良(一九六三)は、南西日本の平地から、常緑広葉樹の原生林がほとんど消失したことを嘆いている。たしかに、現在でも伊勢神宮を歩くと、巨大な針葉樹が生えている。大昔の暖温帯にも、こんなに大きな樹木があったはずだと思ってしまう。

また、大寺院の建設と並行して、平城京や平安京など造営による都市建設が木材消費を高め、畿内にあった森林の消耗がさらに進んだ（大住 二〇一八）。この強圧に森林が耐えられるわけがなく、乱伐は山の荒廃をもたらした。嵯峨天皇の治世（八二一年）には、土砂災害や河川の氾濫防止のために、田地周辺の山を禿げ山にすることを禁じる官符が下されている（山本 一九五八）。平安時代から、山を豊かにして治水効果を上げる制度がすでに存在したのだ。

武士の時代に入ると、城塞の建設（大住 二〇一八）や武器製造に関わる製鉄が、樹木の収奪と利用に拍車をかけた。とくに、戦乱期から一六世紀末の織豊時代にかけて、数々の巨大な城郭が各地で建設され、破壊されては建て直すことが繰り返された。これらに費やした樹木の量は、膨大であったはずである。また、人々が暮らす街も大きくなっていった。このために、森の樹木はさらに減った。これを契機にして、植林が始まったといわれている。初期の育成林業は、一六世紀末から一七世紀のはじめに、奈良県吉野地方で行われたとされる（森本 二〇一一）。

近世

江戸時代の初期に、人々は農地や町を維持するために、自然の林から木材を伐り出していた。そして、江戸や大坂などの町が整備・拡大されるにつれて、建築材の需要がさらに高まった。江戸で木材需要が一気に高まったのは、振袖火事(注3)（一六五七年）など大火の後に生じた建設ラッシュのためらしい

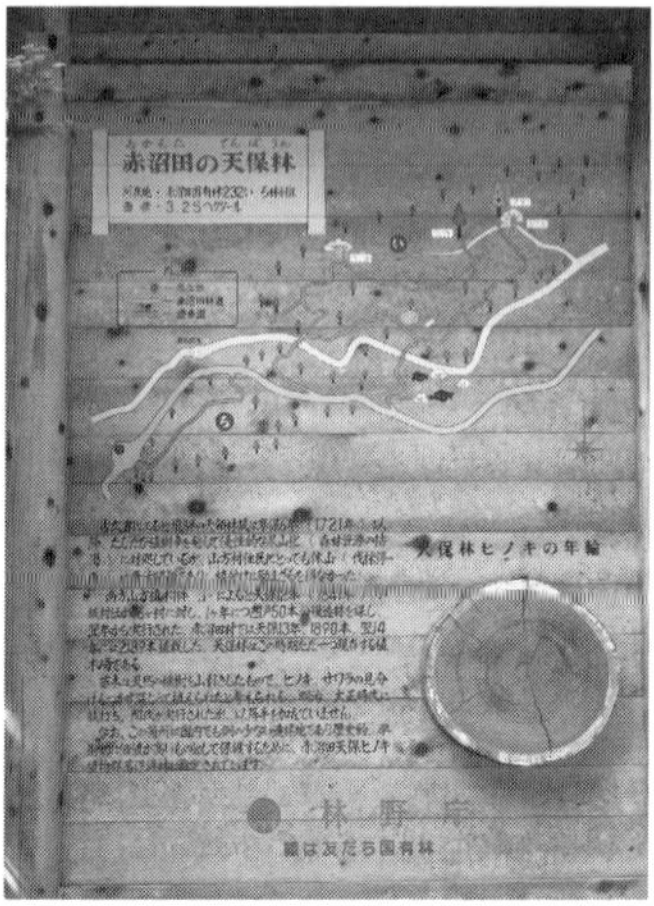

図1-11●天保時代に作られた赤沼田の天保林造林地
現地に設置された案内板を撮影した。（岐阜県下呂市）

（山本 一九五八）。岐阜では、元和（一六一五年～）の頃から、木曽川や長良川が美濃平野に入る場所に、上流の森林域から川を伝って搬送された木材を集積する場所ができ始めた（松田ら 二〇〇〇）。

木曽から飛騨南部・東濃地域にかけて「木曽ヒノキ」の森林がある。当初この森林では良材を求めて強度の伐採が行われたが、江戸時代に尾張藩が木曽五木（ヒノキ・アスナロ・サワラ・ネズコ・コウヤマキ）を禁伐にした（徳川林政史研究所 二〇一二）。明治になると、木曽ヒノキは択伐の対象にされた。これ以外にも、中部地方で広葉樹材を年貢に代用した例がある。岐阜県西部の根尾では、御段木（おつだ）と呼ぶ雑木の薪を藩に収めた（有本 二〇一〇）。

この幕藩体制の下で、森林資源の枯渇により災害がしばしば発生した（『森林・林業白書』、林野庁 二〇一四）。幕府や諸藩は、留山（とめやま）という制度を作り、一部の山に限って樹木の伐採を禁じた。同時に、木材の需要増に応えるために植林を行った。そして、木材搬送の関係から、林業地が大きな川の流域に形成された。江戸時代の後期のことになるが、飛騨には天保年間（一八三〇年～）に作られた造林地が残っている（下呂市の赤沼田天保ヒノキ希少個体群保護林、図1―11）。同じく下呂市にある岐阜大学の位山演習林には、安政年間（一八五四年〜）に植えたと伝わるスギ林が残っている。

明治の時代から

明治時代（一八六八年〜）に入ると、森林の管理は主として明治政府の手に移った。殖産興業の名のもとに第二次産業革命が始まって、建築材やパルプ材の需要が高まった。そして再び、収奪的な森林利用が進んで山林が荒廃した。明治政府は、日本の森林行政の基本となる森林法を一八九七年に発布して、無秩序な森林利用を取り締まって山の荒廃を防ごうとした。ところが、日清（一八九四年〜）・日露（一九〇四年〜）の戦争が勃発して、森林はさらに強い打撃を受けた。軍需物資を得るために樹木が乱伐され、東北地方ではブナ林を開拓して軍馬や牛の牧場がさかんに造成された（中静 二〇〇四）。森の樹木から見ても、戦争は災害でしかないのだ。

明治から昭和時代のはじめにかけて、下流域にある都市や町では商工業の力が伸びだした。平野部の農業がそれを支えていた。一方、上流域では、山地が山村の人口を支えていた。とくに炭焼きと焼き畑が、山村の経済と食料を支える生業として行われた（コラム3）。また、産業レベルで、育成林業とパルプ用木材の伐採が山地で行われた。とくにパルプは紙の原材料であり、巨大な需要があった。岐阜県西部の根尾では、太平洋戦争の末期に、村の労働者のほとんどが、奥地のブナ林でチップ材の伐

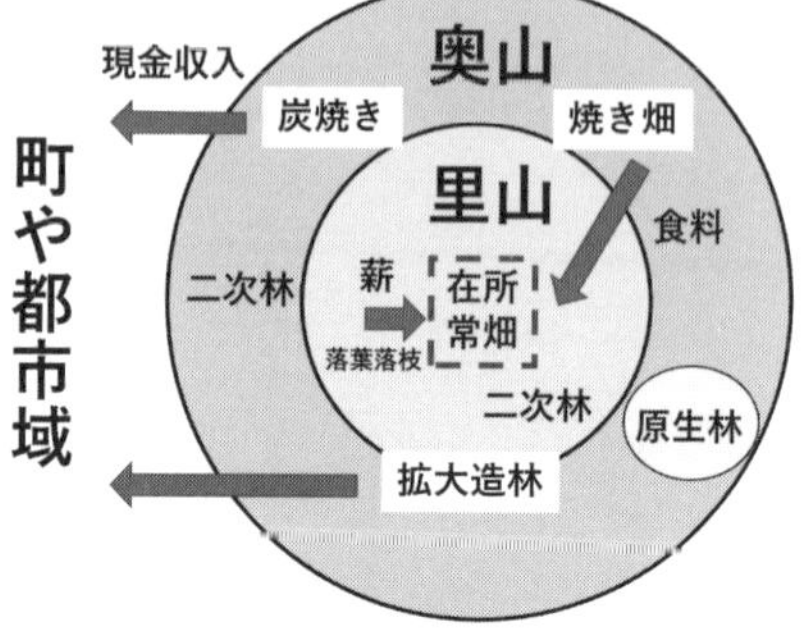

図1-12●かつての山村構造
里山と奥山が在所からの距離に応じて配置された。炭や木材などの取引を通じて、町や都市域と交易が生じた。図中の矢印は、樹木資源の動きを示す（本文参照）。

り出しに、挺身隊としてかり出されたそうである。戦後になっても、パルプにするチップ材の伐採に拍車がかかり、たった十数年でめぼしい広葉樹の林が根尾谷から消滅したといわれる（有本 二〇一〇）。

こんな経緯のもとに、以前の山村は次のような構造を持っていた（図1―12）。まず、在所の近くに稲作などを行う常畑および里山を配置し、谷沿いの良い斜面を選んでスギやヒノキの植林地を作った。なお、「里山」とは農用林のことを指し、ここでは田畑に肥料用の木灰・自家用の薪・農用資材等を生産していた（四手井 二〇〇六、佐々木・高原 二〇一二）。そして、在所から離れた「奥山」に、炭焼き山と焼き畑を配置した。ここでは木炭を生産して町と都市域に販売し、焼き畑耕作によりアワやヒエなどの雑穀を作り自家用の食料にした。この奥山と里山の多くは、後に拡大造林を行う場に変わっていく。

昭和の時代

昭和は森林にとっても激動の時代であった。太平洋戦争（一九四一年〜）が勃発すると、軍需物資を得るために強度の森林伐採が繰り返された。そして戦争が終わった後の一九五〇年頃になると、ひどく荒廃した山が残った。この状態を見て始まったのが、「拡大造林」である。既存の原生林と荒れた二次林を伐採して、良材がとれるスギやヒノキの人工林に転換しようとした（コラム3）。寒冷地の拡大造林には、亜高山帯からカラマツを低標高へおろして植栽した。飛騨や信州のカラマツ林は、それに端を発している。

拡大造林は、森林の生産力増強を目指す国を挙げての計画であった。民有林では、ナラ類などの薪炭林の多くが針葉樹の人工林に作り替えられた（大住 二〇一八、畠山 二〇〇五、大住 二〇〇五）。拡大造林は昭和四〇年代（一九六五年〜）にピークを迎えたが、ほぼ同時に起こった燃料革命(注4)の影響もあり、炭焼きに従事する労働力の一部が拡大造林にまわった。しかし、無理をして拡大造林を行ったために、その一部には脊悪な土地が含まれていた。樹木には生育適地があり、尾根部の痩せた土地や強風が吹く場所には、もともと背の高い樹木が育つことはない。このことが、後世に「不成績造林地」（図1—13）をもたらす原因となった（大住 二〇一八）。不成績造林地とは、植林した造林木がもはや木材生産林として、樹木の成長や樹形といった形質が期待できなくなった場所を指す。結局、拡大造林の結果、広葉樹の二次林と原生林は、面積を減らした上に分断されてしまった。

図1-13●不成績造林地の一例
せっかくスギを植えても、ほとんど成長しない場所がある。地力の低さと積雪のために、ここではスギ造林木が根曲がりし、幹折れも生じている。まっすぐ伸びる自然に生えたブナの木とは対象的である。（岐阜県揖斐川町、2021年撮影）

拡大造林には、当然ながら良い面があった。それは、山村に活力を与える効果をもたらしたことである。当時の山村は、拡大造林で現金収入を得て、その人口を維持することができた。活力あればこそ、山村の住人は、造林地ばかりでなく里山・奥山すべてに目を配る役割を果たすことができたのだ。この役割が薄まってから、森林の放置が始まった。

さらに、拡大造林の雲行きは、早くも一九六〇年代になって怪しくなった。林業にとって大事件が一九六四年に起こった。「木材の貿易自由化」により関税が撤廃され、その結果、国産材の価格が外国産材より高くなったのである。

価格競争に負けて、国産材は以前のように売れなくなった。この出来事が、これ以降、日本の林業界に打撃を与え続けることになる。拡大造林を始めた時に、誰がこんな結末を予測できただろうか。こんなはずではなかったのだ。

一九九〇年代になると、拡大造林はほぼ終焉し、深まる林業不況のせいで、半ば放置された人工林が出始めた。そして、山村の労働人口が都市部に流出して、山仕事に従事する人が少なくなり、山村の人口減少と高齢化が加速してしまった。このために、間伐等ができない人工林では、スギやヒノキがもやしのように細長く育ち、深雪や土壌浸食を受けて樹木が倒壊する場所が現われた。

おまけに野生動物が跋扈し始めて、農地や林地で植物を食い荒らすようになった。とくにニホンジカの増加は急激で、北海道や紀伊半島の大台ヶ原では森林が衰退する事態も生まれた（清和 二〇一八、釜田ら 二〇〇八）。森林の下層木が一掃された場所さえある。

平成と令和の時代

平成（一九八九年〜）と令和（二〇一九年〜）の時代になって、人間社会は森林の環境形成機能を重視するようになった。そして、森林に期待する機能と目的を再整理する試みが生まれた。国有林[注5]を管轄する林野庁は、平成二五年度から森林を「山地災害防止タイプ」、「自然維持タイプ」、「森林空間利用タイプ」、「快適環境形成タイプ」、「水源涵養タイプ」に区分した。このような作業はゾーニングと呼ばれている（河野 二〇一三）。かつての主流だった木材生産機能は、すべてのタイプが備えるとされている。本来、一つの森林はいくつもの機能を併せ持つものなのだから、個別の現場を特定のタイプにゾーニングする作業に関係者は若干苦労することだろう。

また、「森林税」もしくは「森林環境税」という新しい税制を、地方自治体が設けるようになった。地元の住民の理解と税負担のもとに、自らをとりまく森林を整備して、その恩恵を県民等に還元するのがその目的である。この背景には、農山村の高齢化・過疎化により、森林をはじめとする自然環境が、危機的な状態に陥ったという認識がある。森の手入れが行き届かなくなり、森林の荒廃が進み、所有者不明の森林も増加し始めた（『清流の国ぎふ森林・環境基金事業成果報告書』、岐阜県 二〇二二）。これらを打開するには、地域レベルでの一般市民の協力が森林整備に不可欠と見たわけである。令和元年の時点で、三七の府県がこれを実施している。また、国レベルでの森林環境税・森林譲与税が、平成三一年に創設されている。岐阜県では、平成二四年に「清流の国ぎふ森林・環境税」が導入され、すでに二期目が終わった。この税により、二次林の整備、野生鳥獣の管理、流域の清掃、木育教育などに円滑さが増した（岐阜県 二〇二〇）。

現在、森林整備は別の問題にさらされている。それは労働力不足である。管理が必要な人工林や広葉樹二次林の面積は、長い歴史を引きずって膨大な面積になっている。ところが、森林整備に携わる人数は、令和二年度では岐阜県全体で森林技術者が九三九人、林業就業者数は一八九九人しかいない

（岐阜県林政部林政課 二〇二二）。これは、大きな自動車工場ひとつ分の人員にすぎないのだ。山仕事ができる若者を養成しなければならない。

3 森の来歴を調べる方法

では、前掲の第1軸から第3軸までの影響のもとに、森の姿が形作られてきた歴史を知るにはどうすればよいのだろうか。手がかりになるのは現在の森林の姿である。フィールドで集めるべき情報は、森を構成する樹木の種類、空間構造、幹直径と樹高の分布、および年齢構成である。これら森林測定による情報と地域社会で聞き取った情報を組み合わせれば、森の来歴の一端がわかるはずである。

フィールドで行うデータ収集

最初に、フィールドをどこに選択するかという決断をする。これは、研究者の好奇心と研究目的で決まることである。ただし、それぞれのフィールドを使うには、地権者の同意と調査の便宜性を確保しないといけない。目的に合致した場所をみつけても勝手に調査することはできないし、興味ある森林があっても繰り返しアプローチできる場所でなければならない。これらを解決するのには、大変な苦労がいる。この作業については、以降の各章で調査地ごとに経験を述べることにする。
この作業を終えてフィールドに入ってしまえば、「植生図の作成」・「毎木調査」・「年輪数の測定」・「聞き取り調査」という順序でデータ収集を行うことができる。ここでは、それらの内容を順に述べる。

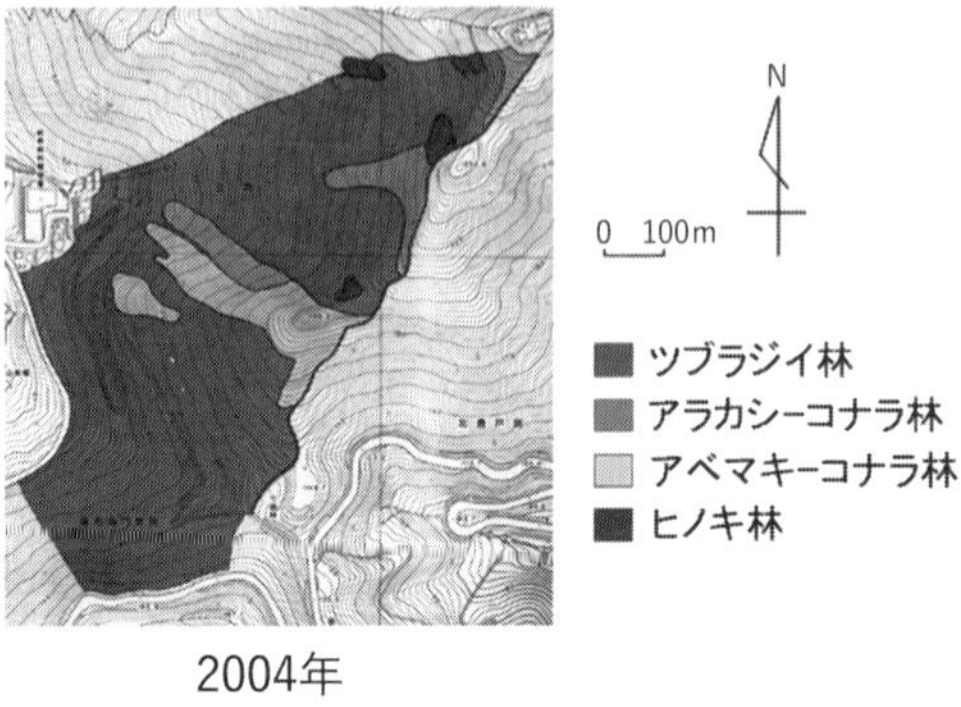

図1-14●岐阜市金華山における調査地周辺の植生図
踏査と航空写真の判読により作成。筆者の研究室の今井勇一（平成16年度修士論文）と松村　学（平成16年度卒業論文）による。

植生図の作成

研究対象の林分を含むようにして、周辺地域の状態がわかるように、植生の分布を図示したのが「植生図」である。なお、林分とは履歴を同じくする樹木の集団のことを指す。つまり林分は、樹木の大きさや構成樹種がそろっていて、隣接する森林とは異なった外見を示すものである。

具体的な作業としては、コンパスやGPSを持って調査域をくまなく歩き回り、位置ごとに優占樹種から植生の名称を付けて、それを地形図上に書き込む。同時に、それぞれの位置で、土壌や地面の状態、樹木の特徴的な形状など、特記事項をフィールドノートに記録する。航空写真の撮影画像をその補助に用いることもある。一例として、第2章3節に示す岐阜市金華山で作成した植生図を載せた（図1―14）。ただし、植生図の作成は、非常に労力のかかる作業である。時間の制約が強い場合は、歩き回って観察した結果を図化せずに、それぞれの場所の優占樹種の配置等をメモ書きにして記録するというやり方を採る。この記録から、周辺の植生の状況を理解する。今なら、ドローンを利用することもできるだろう。

毎木調査

毎木調査とは、一定面積の森林に存在する樹木群のサイズや年齢を計測し、森林の構造を定量化する作業である。この用語は、森林生態学や林学の領域で使われている。まず、対象とする林分に、「方形区」と呼ぶ正方形または長方形の区画を森林内に設ける。方形区の一辺は、その森林における最高樹高に相当する長さとする。すなわち、樹木のサイズにしたがって、方形区の大きさを決めるのである。これを基本とするが、大面積ほど多くの情報が得られる。私たちの研究室ではその基準を斜面上で一ヘクタール（一〇〇メートル四方）と定めている。後の分析に使うのは水平面積である。このために、斜面の傾斜度の測定が欠かせない。

私たちは、可能な限りコンパス測量を施して、実際の形状と水平面積を把握するようにしている。また、方形区の内部を、後で行う樹木測定がしやすいように、五メートルまたは一〇メートル幅の小方形区に分割する。杭を小方形区の四隅に打って、樹木の立つ位置や樹冠の広がる範囲を測定する時の目印とする。毎木調査の際には、樹木の成立位置をわかりやすくするために、すべての杭を黄色のテープで結ぶ。俯瞰すると森林の林床がマス目状に区切られる。このテープを張る時も、下層木が茂る中をまっすぐに歩かねばならない。これがなかなかに難しい。二人が組になって、声を出しながら進むとうまくいくことが多い。森林の中では、視覚より聴覚が頼りになることもあるのだ。本来、山の斜面に方形の枠を張ること自体がうまくいくことはない。したがって、この後で、杭の位置をコンパス測量で確定して、実際の「方形区」の形と面積を求める作業が必要になるのだ。測量の後に調査地を見ると、「方形区」はきっちりした方形でなく、たいていは少し歪んだ形になっている。

以上、これらは、実に時間と労力のかかる作業である。しかし、方形区をしっかり作らないと、後に続く樹木測定に支障をきたす。毎木調査の最初の数日は、方形区の設定にかかりきりになる。ついに方形区ができあがると、その場所だけが周囲から浮き上がって見えるようになる（図1―15a）。そして、ここまでの苦労で、森林に自分たちの研究空間ができたことを実感する。この瞬間が、毎木調査の醍醐味を感じる時の一つとなる。

つぎに、対象とするすべての樹木にビニール製や金属製の番号ラベルを付け、個々の木の根元位置を、杭の位置を頼りにして方眼紙上に記録する。樹冠の広がりを計測して、「樹冠投影図」を作成することもある（図3―20、ブナ林の例を参照）。そして、番号ラベルと照合しながら、樹木の葉の形態や幹

図1-15●毎木調査
(a) 森林に目印のテープを張りめぐらすと、方形区が浮かびあがって見える。ここで毎木調査を行う。(b) 樹幹にペンキでマークし、山側から直径巻き尺を使って胸高直径を測定する。(c) 検測桿を使って樹高を測定する。

の色調や模様から、樹木の種を判別して記録する。[注6] わからない場合は、葉の標本を取って研究室に持ち帰り、植物図鑑を頼りに種を同定する。構成樹木の種と成立位置がわかると、その研究空間に存在感がさらに増す。

そして、いよいよ樹木サイズの計測にとりかかる。最初は、地上一・三メートルの高さで幹の「胸高直径」を測定する。胸高とは人間の胸の高さを意味し、過去には一・二メートルとされたこともある。この胸高直径で樹木の大きさを表すことは、世界中でほぼスタンダードになっている。胸高直径の測定は正確さを心がけて行うべきである。巻尺を幹の周りにぴったりと巻き付けて必ず山側から計測する。ときには二人がかりで巻尺のテープを幹に添わせることもある。そうすると、幹が平滑な場合には、ミリメートル単位の測定精度が期待できる（図1―15b）。同じ位置を年ごとに繰り返し測定するためには、幹の胸高位置に白いペンキで、細長いベルトをていねいに塗っておくのが良い。幹の肥大にともなって数年に一回は塗り直しの補修が必要となる。

ここで、フィールドワーカーが守るべきルールがある。それは、測定者と記録者の間で、一本一本の測定値を互いに確認し合うことである。継続して毎木調査を行う場合は、前年のデータを記録者が確認し、今年のデータがそれより小さかったり飛び跳ねて大きくないかを確認する。それを、記録者と測定者の間で声を出して復唱することを基本ルールとする。これを守れば、現場における記録ミスが防げるとともに、測定値の確かさも確保できる。測定現場では必須である。

したがって、樹木のサイズ測定に正確さを期すには、数年間は測定を継続する必要がある。私たちの研究室では、可能な限り毎木調査を継続して行った。少なくとも、初年度のサイズに関するデータは、なにがしかの誤差を含むものとみなしている。恥ずかしながら、初年度に樹種を取り違えていた場合さえあった。また、毎木調査にあたっては、調査対象とする樹木の下限サイズを決めておく必要もある。たとえば、胸高直径四センチメートル以上というように、計測する樹木に下限を設ける。そうしないと、対象樹木が多すぎて、測定自体が不可能になる。

樹木の高さすなわち「樹高」が知りたい時には、検測桿と呼ぶ釣竿状の長い物差しを幹に沿わしながら垂直にしてその高さを測定する（図1―15c）。この作業には、検測桿を伸ばす者・離れた場所からその樹木の先端を特定する者・ノートに記帳する者の三人が必要となる。場合によっては、木を揺らす者がいる。太い木でも相撲のテッポウのような姿勢で両手で幹を揺すると意外に梢が揺れて、離れた位置からでも測定木の先端を特定することができる。また、三角法の原理を使った測高器で樹高を求めることもできる。今でもアナログで角度を測る「ブルメライス」という丈夫なドイツ製の機器は現役だが、現在はデジタルでそれを行う機器もずいぶんと増えた。ただし、森の中で梢の先端を識別するのはどうしても難しいので、樹高測定に高い精度を求めることはできない。これら以外にも、幹基部の根元の直径、枝下の高さ、根張りの長さなどを、研究の目的にしたがって測定項目に付け加えることがある。

年輪数の測定

森の来歴を調べるうえで、樹齢はとくに重要な測定項目である。通常は、樹木が発芽した位置、すなわち幹基部の年輪数が樹齢となる。樹木の幹に年輪が形成されるのは次の理由による。樹木の幹は、形成層という分裂組織の活動により、水平方向に太っていく。木部に道管等を形成し葉に水を送るためである。この活動は、春から夏にかけて活発になり、秋になると弱まり、冬になると完全に停止する。この季節的リズムで、年ごとに年輪が木材の水平断面に浮かび上がるのだ。

図1―3に示したように、落葉広葉樹の木材は、道管サイズの分布から環孔材と散孔材に大別される。ミズナラなどの環孔材は、春先に太い道管を作るので、そのために年輪が明瞭になる。ブナなどの散孔材は、季節間で道管の直径の差があまりなく、年輪はやや不明瞭になる。そうはいっても、どちらの材でも年輪は眼で確認できる。また、常緑広葉樹には「放射孔材」など少し違った道管の配列を示すものもある。針葉樹では、道管ではなく仮道管が水を吸い上げている。

さて、樹木の年輪数は、伐採跡地に残る伐り株を利用しても求めることができる。ただし、伐採跡地が毎木調査を行った方形区の近傍にある場合でも、元の森林が方形区と同質の林分であることを確かめておかねばならない。伐採跡地で、個々の伐り株は、地面から上でチェーンソーを使って切られている。伐り株面の高さを測定して、幹基部の年輪数を推定する場合がある。フィールドで年輪を調べる時は、まず伐り株面をノコギリや彫刻刀を用いてきれいに整える。その後で、ルーペを使って年輪数を数える。これらの作業は、照度の高い晴天を選んで行うのが良い。明るくて年輪が見やすいからである。また、伐り株に残る樹皮から樹種を判別することが可能な場合もある。なお、あまりないことだが、方形区そのものを伐採する場合には、事前に行った毎木調査のデータから各個体の樹種情報を得ることができる。

生きた樹木の幹で年輪を調べるには、「成長錘」という道具を使う。この成長錘は、直径五ミリのド

図1-16●デジタルマイクロプローブでの年輪調査
「成長錘（本文参照）」とほぼ同じ仕組みで、樹木の年輪数を調べる道具である。このプローブは、ドリルの付いた測定部（左）とその回転数を記録するパソコン（右）で構成されている。（高山市荘川町、2004 年撮影）

リルとハンドルからなる。ハンドルを回して三〇センチメートルの長さのドリルを幹に貫入させ、それが幹の中心に達した頃に、ドリルを逆方向に回して成長錘を抜きだす。そうすると、ドリルの受け皿にストロー状の形をした木片サンプルが残る。これを研究室に持ち帰って実体顕微鏡で年輪を読み取る。この方法では、年輪の中心またはその位置が読み取れるところに、ドリルが届かなければならない。年輪の様子は、木片サンプルから視認できる。中心を通った木片サンプルには年輪の中心点が入っているし、そこから年輪の円弧が反対向きになる。たいていの場合、ドリルを年輪の中心を通すために、一本の樹木について数回の作業を繰り返すことになる。担当した学生によると、幹表面にできたしわの突起から反対側の突起に向かって成長錘を入れると、中心部に成長錘が届きやすいという。面白い意見であるが、あくまでも私的な経験則にすぎない。

成長錘を使うと、樹木を少しだけ傷つけてしまう。しかし、事後に充填剤などで穴をふさいでおくと、深刻な樹木成長の低下はないようである。場所によっては、樹木を可能な限り傷つけたくない場合がある。そんな時には、「デジタルマイクロプローブ」という、直径一ミリのドリルを持つ道具を使ったことがあった（図1―16）。

この道具では、細長いプローブがモーターで回転しながら幹に貫入して、その時の回転数が携帯パソコンに記録される。プローブが年輪を通過すると回転が弱まるので、その変化を検知して年輪数を求める仕組みである。便利なのだが難点もある。この道具を使う時には、プローブを幹の反対側まで貫通させて、その半数の年輪数を年齢とする。幹の内部の様子がわからないので、その中心にプローブを通すには一苦労する。この時に、前述の私的な経験則が役に立つ。ただし、筆者の研究室の今井勇一の修士論文によると、プローブが測定した年輪数には、およそ二〇%という測定誤差が含まれることに注意がいる。成長錘の場合と同様に、この道具には物理的制限があり、プローブの長さより大きな幹径を持つ樹木には適用できない。

聞き取り調査

これまで述べた毎木調査や年輪数の測定と併行して、地元の人に尋ね資料を探すことで、その森の来歴に関わるエピソードを記録から求める方法がある。これと毎木調査や年輪調査の結果を照合することができる。方形区を置いた森林には、必ず土地の所有者や関係者が存在し、彼らの証言から過去に何が行われたかを聞き出せる場合がある。土地の古老の記憶から、その場所で起こった出来事そのものを教えてもらえる時もある。森林組合や国有林で働く人に聞いてみるのも良い。

これらは、いわば生の情報であり、森の来歴を探る上で貴重な証拠を提供する。億劫がらずに、誠意を持って地元に飛び込めば、かつての暮らしぶりや目撃したことなど、過去にその場で起こったことを、大抵は好意的に話してくれる。その地域の生活ぶり全般を知っておくのも、森の来歴を探るのには大事である。土地の人と話すのは、その地域のことがよくわかり、実に楽しい作業である。また、役場・森林組合・教育委員会や図書館には、必要な情報が地誌や村史の形で保存されている。とにかく、ありったけの地域情報を駆使して、方形区の森の来歴を探る一助とする。

研究室で行うデータ分析

つぎに、フィールドワークで集めたデータを研究室に持ち帰り、「樹種構成」・「樹木のサイズ分布」・「樹木の年齢分布」の分析を行って、いよいよ森の来歴を推定する。

樹種構成

ひとつの森林がどんな樹種で構成されているかを、前述の毎木調査の結果から分析する。樹種構成は、通常、樹木の本数をベースにして、樹種毎の出現頻度を求めて表の形式でまとめる。この表から、優占樹種や林分を特徴づけている種、希少な種を見出すことができる。樹種構成を樹木の大きさをベースにして出現割合として表す時もある。この場合には、胸高直径から幹の断面積を算出する。幹の断面積は樹木の重さと密接に関係するので、樹種別の「断面積合計」は現存量（一定面積に含まれる生物体の総重量）の割合に相当する（千葉 一九九八 英文）。本数頻度の割合より、断面積合計割合の方が、特定の樹種の優占状態を表せることも多い。

これらの分析から、樹種の構成が単調か多様か、陽性・陰性いずれの樹木が多いか、遷移初期種か後期種いずれの樹種が多いかについても調べる。これで、森林の来歴のあらましがわかる。たとえば、陽性の遷移初期種が多い時には、最近強い撹乱を受けた森林であると推測される。陰性の遷移後期種が多い時には、長期間にわたり撹乱を免れて極相のような森林になったと推測される。多様な樹種構成で構成されている時には、樹種間で空間獲得競争が起こっている最中にあると推測される。

樹木のサイズ分布

樹木のサイズ分布は、胸高直径や樹高のデータを使って、ひとつの森林における個体の頻度分布を表したものである。その代表パターンには、「L字型」と「一山型」があり、前者は逆J字型とも呼ばれる。それらの分布型は、図1—17abの横軸を胸高直径や樹高に置き換えたものに等しい。

L字型のサイズ分布は、樹木が大きくなるほど本数が少なくなる状態を表している。一方、一山型の分布は、特定の樹木サイズで本数が多くなり、その両側で本数が徐々に少なくなるパターンを表している。経験的に、L字型のサイズ分布は原生林に多く、一山型のサイズ分布は二次林に多いといわれる。その理由は次のようである。原生林では、あるサイズ階級に属す樹木の数が、概ね一定の同じ割合で死亡して、次の階級の樹木の数となる。その結果として、サイズ分布は下り階段のような形となる。ほぼ同数の樹木が常に発生するとすれば、L字型の分布が保存される。一方、二次林では、樹木の発生が一時期に集中することが多い。枯死するサイズには達しておらず、その結果として、サイズ分布は山のような形となる。なお、サイズを年齢と読み替えると、年齢分布にも同様の解釈が成立する。

ただし、サイズ分布に関するこの考え方には落とし穴があり、樹木サイズの成長速度の有り方によっては、一つの森林でもサイズ分布と年齢分布が一致しない場合がある（菊沢・浅井 一九七九）。したがって、サイズ分布だけで森の来歴を議論する時には、構成種の性質を充分に吟味しておく必要がある。本書では、樹木が大きすぎて成長錘が使えないなど、やむを得ない事情がある場合にのみ、サイズ分布を使うことにする。森の来歴は、つぎに示す年齢分布から求めるのが良い。

樹木の年齢分布

樹木の年齢分布は、ひとつの森林における個体の樹齢の頻度分布を表したものである。ここから森の来歴を探る時には、それぞれの分布型ができる原理を、あらかじめ理解しておく必要がある。

樹木の年齢分布は、一般にもよく知られている「人口ピラミッド」と同じ原理でできている。人口ピラミッドは、年齢を縦軸に、人口を横軸にとった人間の年齢分布を示している。いわゆる「ピラミッド型」は発展途上国に多い分布型で、男女それぞれの分布の形は、年齢を横軸にとれば、樹木のサイズ分布の項で示したL字型に似ている。出生率が高い状態で死亡率が高くなるとこの分布型ができる。一方、「釣鐘型（ベル型）」は、先進国に多い分布型で、出生率が低下してくるとこの分布型ができる。さらに出生率が極端に低下すると、この分布の裾が狭まって「壷型」に移行する。これは、前述の一山型に似ている。

樹木の年齢分布も、人口ピラミッドの場合と同様に、個体群における出生と死亡の関係で形が決まる（図1―17）。ただし、人間と森林の場合では解釈の順序に違いが生じる。人口ピラミッドでは、ある分布の形ができた理由を、国勢調査等のデータを使って、過去の出生数と死亡数から分析することができる。ところが、森林の樹木には、通常、国勢調査のような出生・死亡の記録がない。したがって、前とは逆に、年齢分布の形を分析して、それから過去に何が起こったかを推測するしかない。

私たちは、思考実験（コラム2）を行って、樹木の発生と死亡に任意の条件を与えて、試しに、計算上のL字型と一山型の年齢分布を作成することにした。その後に、いくつかの撹乱条件を与えて年齢分布がどのように変形するかを考察した。ここでは、思考実験の結果だけ述べることにする。L字型の分布（図1―17a）は、樹木の発生数が一定で、生存率が一定の場合にできる。これに対して、一山型の分布（図1―17b）は、樹木の発生がある時期に集中する時にできる。また、過去に森林が択伐や皆伐に遭うと、年齢分布に断絶もしくは不連続が生じ、伐採された年齢階にある樹木本数が減少または欠落する（図1―17c）。

この思考実験により、年齢分布を逆にたどって、過去における樹木群の消長と撹乱の状態を推測できることがわかった。実際に、同図abcに似たパターンは、第2章以降に示す方形区で出現した。この年齢分布の分析を、毎木調査や聞き取り調査と合わせて行えば、森の来歴がわかるのである。

コラム02 *column*

年齢分布に関する思考実験

樹木の発生と死亡の過程に任意の条件を与えて、計算上の年齢分布を作成し、L字型と一山型の分布ができる条件、および特定の撹乱が年齢分布に及ぼす影響について考察した。このコラムで示すのは、あくまでも分布型の見方を整理して、その解読を円滑にするための思考実験である。実際の森林では、それぞれの分布型を形成する条件がこのほかにも存在することを断っておく。

「L字型」（基本パターン）

【条件】樹木の発生数は、任意の面積あたり毎年一〇〇本であるとした。樹木の生存数は時間とともに減少していくが、この関係が生存率を底とする指数関数で表せるとした。この時に、一〇年あたりの生存率を七割と仮定し、樹木の寿命は充分に長いとした。

【計算結果】グラフはL字型の年齢分布となった（図1—17a）。年齢階が増す毎に樹木の本数が階段状に減少した。

【考察】L字型の年齢分布は、樹木の発生が連続して起こり、加齢に伴う死亡率が樹木に順次かかる時に生じる。条件の与え方により次の変化が生じる。樹木の発生数を変えると、各年齢階で樹木数が変わる。死亡率を変えると、年齢階間で樹木数の格差が変わる。

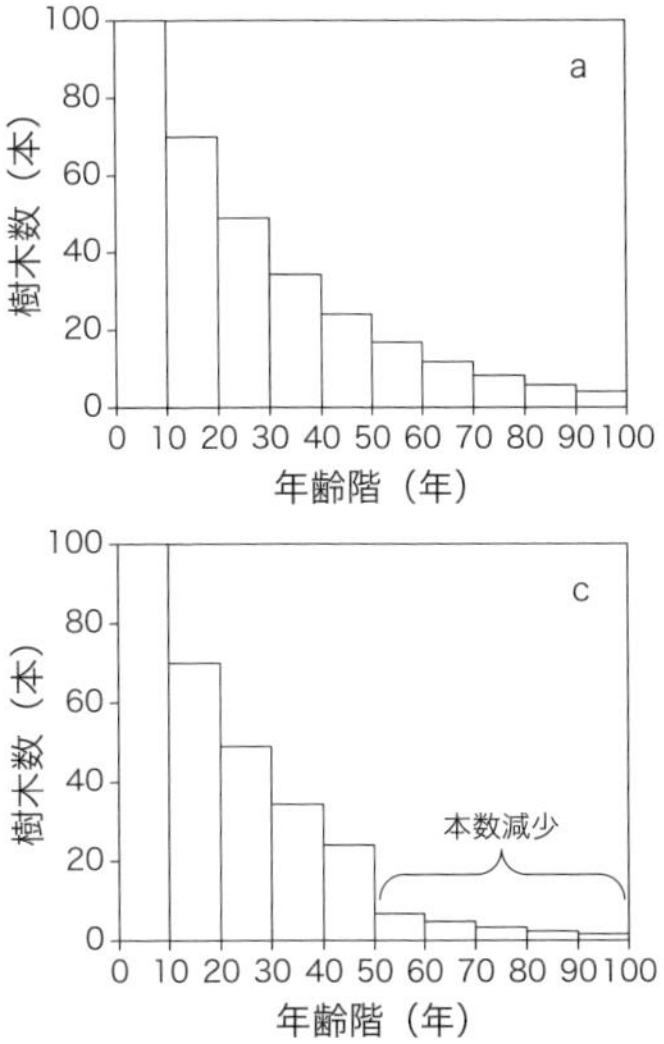

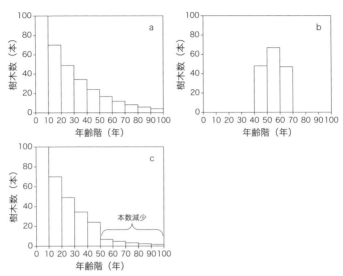

図1-17●思考実験で組み立てた森林の樹齢分布

樹木の発生と死亡に関して任意の条件を与えると、(a) L字型、(b) 一山型、(c) 不連続一撹乱型の樹齢分布パターンがモデル的にできる（本文参照）。実際の森林で、この思考実験を参考にして、樹齢分布の型から森の来歴のあらましを推定する方針をとった。

「一山型」

【条件】樹木の発生が皆伐後などの撹乱のあとのある時期に集中し、それ以降の年には発生しなかったとした。具体的には、今から六〇・五〇年前にはそれぞれ四〇〇本の樹木が発生し、四〇年前になると発生が半減して二〇〇本になるという任意の条件を与えた。樹木の生存率はL字型の場合（図1―17a）と同じにした。

【計算結果】グラフは、一山型の年齢分布となった（図1―17b）。年齢階五〇～六〇年で樹木の本数がピークとなり、その前後の年齢階で減少した。

【考察】一山型の年齢分布は、樹木の発生が一定期間に集中する時に生じる。撹乱の発生時期から時間経過を変えると、一山型分布のピーク時期が横軸の左右方向に移動する。発生数の集中度を変えると縦軸のピークの鋭さが変わる。また、発生期間の長さが変わると、ピークの裾の広がり方が変化する。

「不連続―撹乱型」

【条件】基本の条件はL字型と同じとした。これに、人為的な撹乱の条件として、五〇年前に六〇％の本数の樹木が一斉に択伐されたという条件を加えた。この択伐率が非常に高くなれば皆伐の状態に近づく。また自然的な要因で撹乱が生じたとしてもよい。

【計算結果】グラフはL字型の基本形を保持するも、追加条件により五〇年以上の年齢階で樹木本数がまとまって減少した（図1―17c）。択伐等の条件を入れると、一群の年齢階で年齢分布が不連続を示した。

【考察】不連続―撹乱型は、年齢分布に明らかな不連続を示す。撹乱の発生時期を変えると、不連続となる年が横軸で左右に移動する。撹乱の規模を変えると、縦軸にある年齢分布の不連続の程度が変化する。弱度の撹乱では基本型としたL字型に近づき、強度では分布の不連続が絶壁状になって顕著に生じる。皆伐になると、撹乱を受けた年齢階で樹木がすべて消滅する。また、複数の撹乱が起こると、年齢分布は何度も不連続を繰り返す。

4　飛騨・美濃というカンバス

飛山濃水

まずは、お国自慢から始めよう。岐阜県はわが国のほぼ中央にあって、緑の森と澄んだ川、そして豊穣の野でできている。しかも本州の懐の広い場所に位置し、様々なタイプの森林が彩る豊かな自然を擁しており、まさに自然愛好者がワクワクする地域である。しかも、ここには里地の二次林ばかりか、奥地には手つかずの原生林も残されている。県民歌にあるように、まさに「岐阜は木の国、山の国」なのである。こんな地勢は、「飛山濃水」という象徴的な言葉にもよくあらわれている。明治四年に始まる廃藩置県に際して、岐阜県の母体は美濃国と飛騨国にまたがった。「飛騨」が山と森の国、それより南側の「美濃」は川と野の国である。

飛騨と美濃の二つの地域は、日本海側から太平洋側まで本州の幅が広い部分に位置し、標高は〇〜三〇〇〇メートルという広い範囲にある。そして、長良川・木曽川・揖斐川の豊かな流れが、能郷白山・御嶽山などの山並みに源流を発して、悠々と南に向かって流れて濃尾平野を潤している。一方、白山・穂高連峰から北に向かって、庄川や神通川が、中央山塊の分水嶺から日本海に流れ込んでいる。こ

図1-18●森に囲まれた岐阜県白川村（ユネスコ文化遺産）
かつて人々は、自然が与える生業で生きていた。山と川で区分された山村が、森林を利用し守る主体になった。（2019年撮影）

んな地勢を反映して、岐阜県には多様な森の姿が見られる。

人の力がこれに加わると、森の姿はさらに多様になる。ここでは調査地を設けた荘白川地域の一例をあげて、自然と風土の関わり方の例を見ることにしよう。飛騨地方の一画に、合掌造りの家屋で有名な白川村荻町の集落がある（図1―18）。庄川流域にあるこの地域は白川郷と呼ばれ、下流側に白川村が、上流側に荘川村（現高山市）があった。

白川村は標高が比較的低く、白山から降りてきた豪雪がまともに襲う場所にある。谷あいの村落は多量の積雪に見舞われ、かつては冬季に交通が途絶したそうだ。一部の地域では、大家族制のもとに数十人もが一軒の合掌家屋に暮らしていたという。切り妻造り(注7)の建物の階上を利用して養蚕が行われていた。建物の周囲には桑畑もあったろう。村落から離れて山域に入ると、西側の白山および東側の天生峠の周辺には、成熟したブナ林地帯が広い面積で広がっている。後に述べる大白川谷の森の桃源郷もこの村にある。昔は、積雪を利用して山から木材や薪を運んでいたそうだ。現地での見聞をまとめると、豪雪地帯の白川村では、渓谷に沿う里地と急峻な山岳にある原生林地帯が見事な景観を形成している。

一方、荘川村は、豪雪地というよりもむしろ寒冷地である。村内の六厩ではアメダス観測で摂氏マイナス二五・四℃を示したことがある。平年は白川村より年平均気温が三℃ほど低いのだが、地形の関係から極端な豪雪にはならない。春の放射冷却時に、晩霜害が森林を襲うことがある。かつての荘川村は、焼き畑耕作が岐阜で最も盛んな場所であり、また鉱業や天然木の伐採が盛んな村でもあった(荘川村史編纂委員会 一九七五)。今は、分断されたブナやスギの原生林が少しだけ残っている。

現在、東海北陸自動車道が分水嶺を超えて荘川に入ると、なだらかな高原が雑木林に覆われて延々と続く光景が見られる(図1―1)。これは、荘川村でも南寄りにある中央高地の景観である。それより北に向かって庄川を下ると、かつての中心街があった谷あいは御母衣湖《みぼろこ》に覆われている(第2章2節)。村内で地域的な違いが多少あるとは思うが、寒冷地帯の荘川村は、里地と高原の二次林の組み合わせで主たる景観が形成されている。

この例にみるように、近接する村どうしでも、自然と風土の違いから景観に微妙な違いが生じる。これは、森の姿の違いにも通じている。ただし、「村」という単位が時代で変遷したことも事実である。白川村は、明治八年の町村合併以前には合計二一もの村に分かれていたという。荘川村は、平成の市町村合併によって、現在では高山市に編入された。このような合併が行われるたびに、その場が持つ風土性が薄まっていった可能性がある（小見山編 二〇一〇）。

飛騨・美濃の森林

標高差が大きい岐阜県には、暖温帯・冷温帯・亜高山帯・高山帯という、亜熱帯以外の日本にある気候帯がすべてそろっている。しかも、森林率は県面積（一〇六万ヘクタール）の八一％をも占めており、これは全国で第二位の高さである。ここには豊かな樹木相が存在し（岐阜県植物誌調査会 二〇一九）、森林植物の生態研究にまさに適した場所である。

美濃地方の平野地帯には、前述のツブラジイや荒い鋸歯を持つアラカシなど、シイ・カシ類の常緑広葉樹林（照葉樹林）がある。ここから北に向かい飛騨地方の山地に入ると、植生はがらっと変わってブナやミズナラなどの落葉広葉樹林（夏緑樹林）になる。さらに高い山に登ると、尖った樹冠のトウヒ・シラベ・コメツガなどの常緑針葉樹林となり、これより上部にはハイマツ（図1―7）やお花畑の高山帯がある。この高山帯には高木が存在しないため、一般に森林はないとされている。いずれの森林帯にも、原生林に見える森林から、人間の手が加わった二次林までが存在する。

そのうえ、成立原因が謎めく植生帯が、温泉で有名な下呂市付近の益田川（木曽川支流）沿いに存在する。この地域は暖温帯と冷温帯の境界にあたり、温量指数で判断すると常緑樹の森林になるはずが、実際には落葉樹のイヌブナ・ケヤキ・シデ類などが優占する森林であり、針葉樹のモミやツガなども分布している（図1―19）。こんな森林を「中間温帯林」と呼んでいる。その林を代表するイヌブナは、冷温帯のブナと同属の樹種であるが、葉脈の数が多く葉の裏面に毛が生えており、樹皮の色や実の形がブナとは異なっている。

図1-19●中間温帯林
温量指数では常緑樹林となるはずが、実際にはモミなどの針葉樹とともにイヌブナやイヌシデなどの落葉広葉樹が繁茂している。ここは、暖温帯と冷温帯の中間にある森林帯である。（岐阜県下呂市国道41号沿い、2000年頃撮影）

中間温帯林の成因については、冬の寒さが常緑樹の生存を許さないという説や、傾斜地の分布が関係するという説などがあり、いまだに検討が続いている（山中　一九七九、小野ら　二〇〇四）。こんな議論は、原生状態が残っている間の、森林への人間の介入が激しくなって自然の原型が壊れる前に解決せねばならないだろう。面積で見ると比較的広い分布を示す森林帯ではあるが、成因に不明部分が多いために、本書の調査対象とはしなかった。

森林には、このほか、局所的な地形の違いで姿を変えるパターンもある。山脚から斜面中部にかけてはブナ等の落葉広葉樹林が分布するのが普通である。そして、斜面上部に至ると針葉樹林が出現する。たとえば、後に紹介する高山市荘川では、尾根にムマイスギという天然スギの林が分布する場所がある。また、白川村大白川では、広葉樹の代わりに、切り立った北側斜面の全体にネズコなどの常緑針葉樹が林立している。これらの理由は、通常、次のように説明されている。針葉樹群は広葉樹群に追い立てられて、やや乾燥した尾根部や崖に天然分布せざるを得ない。これに対して、環境条件のよい湿潤な沢付近を相対的に競争力の強い広葉樹林が占有する。このような針葉樹と広葉樹の分布パターンは、全国各地の自然植生に見られる。一つの山でも沢から尾根にかけて環境の傾度ができ、それにしたがって両者が配列しているものと解釈されている。

森の来歴を語る舞台

筆者が研究室を任されてから現在に至るまで、六カ所の調査地を作ることができた。具体的には、暖温帯の常緑広葉樹林（標高七五メートル）、冷温帯の落葉広葉樹林（四カ所、標高八六〇〜一三〇〇メートル）、および亜高山帯の常緑針葉樹林（標高二〇〇〇メートル前後）である。樹木を計測し年齢を調べた調査地は、高山市丹生川の乗鞍山麓にあるシラカンバ林（口絵、図1—20地点1）、高山市荘川の落葉広葉樹混成林（地点2）、岐阜市金華山の常緑広葉樹林（地点3）、高山市朝日町・高根町の御嶽山の常緑針葉樹原生林（地点5）、白川村大白川のブナ原生林（地点6）、および大白川谷のドロノキ林にある

（地点４）。ひとつの調査地を調べるのに五年以上の年月を要した。

白状すると、前述の三軸構造（図１―６）を考えついたのは研究を開始したあとであった。後付けの理論ともいえる。好奇心にしたがって研究を行ったために、調査地の配置は少し偏ったものになった。しかし、一つの研究室が同じ手法を使って、植生帯が異なる森の来歴を比較した例はあまりないだろう。多彩な植生を誇る岐阜県というカンバスが、この幸運をもたらしたといえる。これで、森の来歴を語る舞台装置が整った。

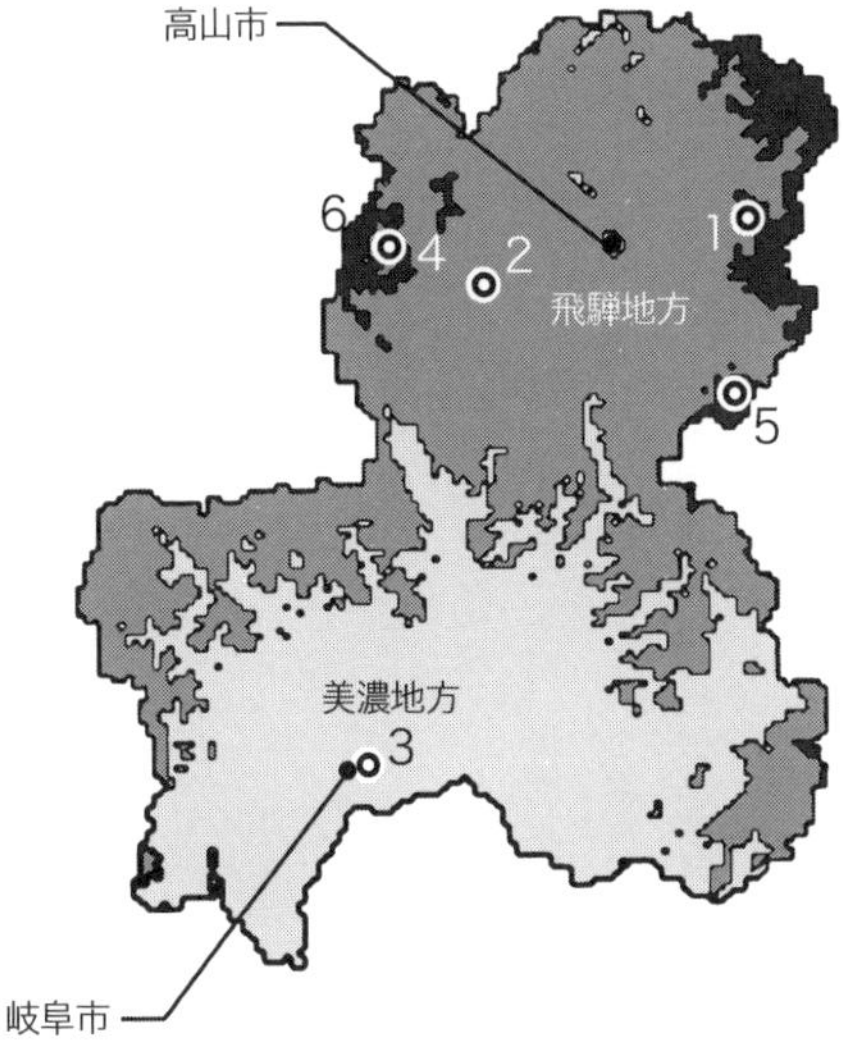

図１-20●岐阜県における森林帯の分布、および森の来歴を探った６カ所の調査地

森林帯は、暖温帯の常緑広葉樹林、冷温帯の落葉広葉樹林、亜高山帯の常緑針葉樹林に分かれる（巻頭カラー口絵の色分けを参照）。なお、中間温帯林（中間温帯）と山頂付近にみられる高山植生は省略した。月平均気温から推定したので、積雪深などの他の要因は考慮していない。

調査地は、第２章で乗鞍山麓丹生川のシラカンバ林（地点１）、高山市荘川のミズナラ・カエデ類など落葉広葉樹混成林（地点２）、岐阜市金華山のツブラジイなど常緑広葉樹林（地点３）、白川村大白川谷河川敷のドロノキ林（地点４）、および第３章で御嶽山の亜高山性のモミ類・コメツガ・トウヒなど常緑針葉樹原生林（地点５）、白川村大白川のブナ原生林（地点６）とした。

コラム03
column

炭焼きと焼き畑と人工造林

炭焼き

大規模な炭焼きと焼き畑は、今日の日本では、あまり見られなくなった。ところが、これらの生業は、近世以来の山村の維持と二次林の形成に、きわめて大きな役割を果たしていたのである。是非とも、その経緯を解説しておかねばならない。炭焼きに関しては、『炭』（岸本定吉　一九七六）および『昭和林業私史』（手江利勝　一九八八）という著書がある。一方、焼き畑には、『日本の焼畑』（佐々木高明　一九七二）という大著がある。これらを参考にして、炭焼きの要点をつぎに述べた。

まず、炭焼きについてである。木炭は、火力が強く手近に得られる燃料として、古くから重宝されてきた。木炭の使用は石器時代に始まり、奈良・平安時代には、炭窯で焼いた「アラ炭」が貴族・豪族の間で使われていたという。また、庶民用には、炭窯を用いずに伏焼きで焼いた「ニコ炭」が使われていた。その後、木炭の製法は改良を重ね、「白炭」と「黒炭」の違いが生まれた。茶の湯の振興が、改良に一役買ったといわれている。近世以降、木炭は煮炊きや暖房の中心となり、とくに都市部で生活の必需品となった。山村は競って、木炭を換金作物として生産したのであった。子供のころ、京都の北山にアマゴ釣りに父と出かけると、山の方々で、青白いきれいな煙が炭窯から登っていたのを思い出す。ところが、二〇世紀中葉に起こった燃料革命以降、日本で木炭の使用量は激減した。今や、茶会やバーベキューに使われるぐらいである。

炭焼きは、木材を窯に入れて蒸し焼きにし炭化させる技術である。「白炭」の製造では、最後に燃えている炭材を窯から取り出して、外で灰にまぶして燃焼を止める。熟練を要するが、燃焼力が強く火持ちの良い炭ができる。「黒炭」の製造では、窯を土で封じ込めて酸素を遮断して、窯の内部で燃焼を止める。白炭よりも柔らかくて着火が容易で、発熱量はやや低いものの扱いやすい炭になる。私たちがバーベキューに使っているのはこの黒炭である。

木炭は、生産者にとっては軽くて輸送が容易で、消費者にとっては比較的安価で貯蔵場所がいらないという利点を持つ。大和の長谷炭（奈良）、山城の大原炭（京都）、武蔵の八王子炭（東京）、土佐の土佐炭（高知）、紀伊の熊野炭（和歌山）、加賀の能登炭（石川）など、今でいうブランドの炭があった。とくに、ウバメガシを焼いた備長炭（備中屋長左衛門が作ったとされる）は、品質が良いことで有名である。燃料革命が起こる前、全国の山村は、木炭を近くの人口密集地に出荷し、お金や必需品に替えていた。自家内で行われていた炭焼きは、街や都市部が炭を大量に消費し始めると、産業のレベルに達するようになった。通常、炭焼きを行う山に入札がかけられ、事業主がそれを落札する。事業主は大勢の焼き子を雇って、クヌギ・コナラ・ウバメガシなどの樹木を伐採し、入札した山に炭窯を築いて炭を製品化した。

炭焼きの現場では、焼き子が炭窯の近くで寝泊まりした。この現場は大勢が寝食を共にする場所で、互いによくしゃべり、夕べに酒盛りを行うなど楽しいこともあったそうである。この現場に炭窯を築く時は、その原材料を現地の土石に頼っていた。だから、その場所に良質の粘土がないと炭窯は作れない。通常は、一五キログラム入りの炭俵四〇個が取れる大きさの炭窯が作られた。まず、あたりを整地して地面に小石を敷きならべ、その上に粘土を一〇センチメートルの厚さに塗り固める。この床構造は、排湿のために重要で、これが不十分だと木材はうまく炭化しない。炭窯の側壁を粘土で築き上げてから、最後に窯の天井を築く工程に入る。そして、中に木材を詰め、じっくりと窯口で焚火をして天井を乾燥させる。また、小屋掛けをして炭窯を雨から守り、二、三日後に炭化した木を冷ましてから窯から取り出す。これで、炭窯の完成である（図1―21）。

一度作った炭窯は繰り返して使われた。炭材になる樹木を、周囲の広葉樹林から伐ってきて、まずは窯の周りに野積みにする。一窯あたりの伐採面積は、壮齢の広葉樹林では数ヘクタールの規模であったようだ。したがって、炭窯の数と炭焼きの頻度によって、樹木の伐採量は決まる。大方、この伐採は小面積皆伐もしくは択伐のレベルであったと考えられる。炭の産地では、樹木の再生を見ながら、森林の伐採を繰り返していたのである。

統計がとられ始めてから昭和三二年まで、全国の木炭生産量は年間二〇〇万トン以上を維持していた。これを炭俵に換算すると、およそ一億三三〇〇万俵にのぼる。ところが、昭和三〇年頃から、毎年二〇％の割合で木炭の生産量が減少して、昭和五〇年には八万トンになってしまった。岐

図1-21●炭窯の例
この写真は南タイで撮影した。日本の炭窯は、ずっと小型で、窯の形も少し異なるものがある。（1990年撮影）

図1-22●炭窯の石組みの跡
山の中には、今も炭窯の痕跡が残っている。人間のかつての森への圧力の痕跡でもある。（岐阜県下呂市、2005年撮影）

阜県では、飛騨・郡上・揖斐・南濃で製炭が行われていた。岐阜県でも、燃料革命とともに木炭生産量は激減して、昭和三〇年に六万二七九一トンあったのが、昭和四八年にはわずか七四二トンになった。時代の波により木炭は減少していったのである。

昭和三〇年頃、筆者の子供時代には、京都市でも町内に炭屋さんが必ず一軒あって、家庭では火鉢に炭をおこして暖を取っていた。当時、炭が日常生活に欠かせなかったことがよくわかる。そして、いつの間にか、炭はガスと石油ストーブに代わった。たしかに、ガスや石油は一般人にも扱いやすく便利である。そのために、山村で行われていた炭焼きは衰退して、頼りにしていた現金収入の道が断たれた。今でも山の中で炭焼き窯の遺構を見ることがある（図1―22）。過疎の波が山村に及んでいく。

焼き畑

地理学をおさめ民俗学を専攻した佐々木高明は、一九七二年に書いた『日本の焼畑』の冒頭で次のように定義している。「焼き畑農業とは、熱帯および温帯の森林・原野において、樹林あるいは叢林を伐採・焼却して耕地を造成し、一定の期間作物の栽培を行ったのち、その耕作を放棄し、耕地を他に

図1-23●焼き畑の跡地利用
この写真は北タイで撮影した。山岳地帯に暮らすモン族が、森林を伐採して火を入れた場所である。この焼き畑跡地では野菜類と花卉類が栽培されて、町に売られている。(2004年撮影)

移動せしめる粗放な農業である」。すなわち、焼き畑とは、森林の樹木が蓄積した養分を燃やして灰化し、それを養分に使って山間の傾斜地で雑穀等を育てる行為を指している。林地の養分が失われると他の場所に焼き畑を移動させることから、移動農耕と呼ばれることもある。日本ではほとんど廃れた耕作方法であるが、熱帯では今日も諸所で行われている(図1―23)。

焼き畑の歴史は古く、古代以前にさかのぼるという説がある。古代から中世・近世にかけて、水田耕作ができない山間地で焼き畑が行われていたことは充分に想像できる。佐々木高明は、日本の焼き畑を、主として作付けの方法から、「カノ型（奥羽・上越地方）」・「ナギハタ型（中部・山陰地方）」・「コバ型（四国・九州地方）」・「根菜型（沖縄地方・八丈島）」に分けている。中心作物はアワ・ヒエ・ソバ・アズキ・カブ類・イモ類であるが、複数の作物を年次に分けて栽培した。また、木本植物のコウゾ・ミツマタ・クワ・チャなどが栽培されることもあった。作付けの順番は地方によって異なっている。いずれも、山間地で水稲が栽培しづらい山村で、効率よく農業生産を行う仕組みであった。山村の余剰人口を、焼き畑経営にあてるという目論見があったとも考えられる。多くの場合、村の入会地が焼き畑となった。

焼き畑の造成は、森林の伐採と火入れで始まる。個々の伐採面積は、数ヘクタール規模であったようだ。中部地方で行われるナギハタ型の場合、火入れの方式は、ヒエ・アワを初年に植える「春焼き」と、ソバやダイコンを植える「夏焼き」に分かれた。これらの場所は、梅雨が始まる前、または夏の土用に起こる短い乾燥時期に野焼きする。ただし、火入れを他の時期や数回にわたり行うこともあった。火入れでは、あらかじめ伐採した樹木を、一定の長さに切って地面に並べ（ナカギリという）、延焼を防ぐ防火線を森林に切ったうえで、条件の良い日に斜面の上から火を入れた。火入れは、集落の共同作業である「結（ユイ）」の形で多人数を動員して行われた。

佐々木高明は、私たちが調査地に選んだ岐阜県の荘川村（現高山市）で行われた焼き畑についても書いている。荘川では、火入れの後に一年目の作物としてヒエまたはアワを植えた。二年目以降は、これらにダイズ・アズキやアブラエ（荏胡麻）などを混ぜて育て、五年間続けたのちにその場所を放棄した。次の耕作まで、一〇年から五〇年の休耕期間を設けた。その後も、この場所で焼き畑による輪作を行うのである。休耕期間に、森林が再生して養分が蓄えられる。

中部日本における、焼き畑一年目のヒエの収量は、一反（三〇〇坪＝九九〇平方メートル）あたりおよそ一から一・五石（一五〇キログラム）になるという。これをヘクタールあたりの収量に換算すると一・五トンになる。現在のコメの収量は五トンに及ぶというから、焼き畑は決して効率の良い耕作方法ではなかった。しかも、この焼き畑の収量は二年目以降には減っていく。

焼き畑は母村から離れた場所で行われるので、通常は小屋掛けして出作りという形態がとられた。焼き畑の維持にも苦労が要った。五月に入山して火入れと播種を行う。夏には下草の除草があり、九月になると翌年の焼き畑の伐採を行う。そして一〇月になると今期の作物を収穫する。一一月に収穫物を在所に運ぶとともに、つぎに備えて出作り小屋の整備をしなければならない。このような作業を、在所で行う養蚕・常畑の耕作や製炭・薪の採集とともに行うのであるから、山村の一年はまことに多忙であった。

近世まで、焼き畑地は山村にとって食料を得るために重要な場所であった。隣村同士で、焼き畑地をめぐる場所争い「山論」もあったという。ところが、食料事情が好転してから、焼き畑は急に廃れた。焼き畑面積の集計が、第二次世界大戦の戦前と戦後で、全国レベルで二回にわたり行われている。それによると、昭和一〇年の焼き畑面積は七万七四一四ヘクタール（農家数一五万二〇六九戸）であったのに対して、昭和二五年のそれは九五三三ヘクタール（農家数一一万五〇八戸）まで減少した。ただし、前者の「山林局調査」と後者の「50年センサス」では、集計に相当の誤差が生じていたらしい。これは、焼き畑の多くが免租地の性格を持つために、子細な統計を取れなかったことによると思われ

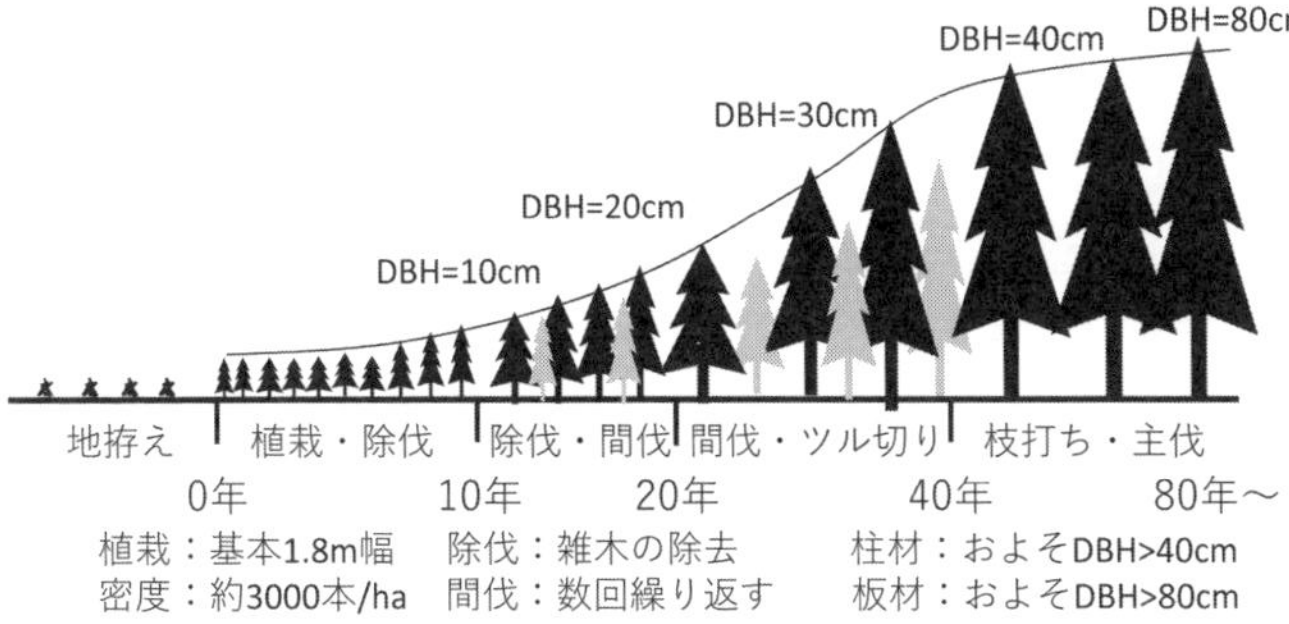

図1-24●スギ人工林における平均的な施業の体系
伐採地が植栽されてから、一連の作業（施業という）が行われる。主伐によりスギの収穫が行われるまでの平均的な施業を示した。これは模式図で、数値はあくまでも目安である。灰色は間伐木。

る。とはいえ、昭和三〇年頃を境にして、全国で焼き畑が急に衰退したことは事実である。これは、前述の燃料革命の影響である。日本が高度経済成長期に入り、山村から都会に人口が流出した現象にも関係する。それでも、現在の山には、焼き畑の痕跡だけが厳然と残っている。第2章2節に示す旧荘川村には、明治初年に二平方キロメートルに及ぶ焼き畑があったという。

人工造林

本書は広葉樹の二次林と原生林を主たる対象にしているが、人工林についてもあらましを説明しておく必要がありそうだ。図1―24に示すのは、スギ人工林の平均的な管理法である。あくまでも、スギ人工林施業を簡易的に示した目安と考えてほしい。人工林の管理には、その土地と所有者の考えにより様々なパターンが起こり得る。

造林の作業手順として、若い順に「地拵え」、「植栽」、「下刈り」、「除伐」、「間伐」、「ツル切り」、「枝打ち」、および「主伐」がある。図中の胸高直径などの諸値は、その場所の「地位」で決まる。この地位は、植栽した樹木の樹高成長の速さで評価され、その判定には地域で作られた「地位指数推定スコア表」が使われる（例：新潟県森林研究所 二〇一八）。

さて、「地拵え（ぢごしらえ）」は、植林する場所をあらかじめ整える作業である。刈り払った粗朶（そだ）を、斜面を横切るように筋状に積んで苗を植える場所を整える。このつぎに「植栽」が行われる。あらかじめ準備した苗を、方形または千鳥模様にして植える。最近は、一貫作業に向くコンテナ苗を使うこともある（梶本ら 二〇一六）。標準的な植栽密度はヘクタールあたり約三〇〇〇本である。これは、両腕を広げた間隔（一間：一・八メートル）で苗を植えることをほぼ意味している。昔は人間の体を寸法の目安にしていたのだ。

なお、植栽密度は地域によって異なっており、高密度植栽の代表は奈良県の吉野林業であり、低密度植栽の代表は宮崎県の飫肥林業とされている。スギの苗はその産地により表杉と裏杉に大別され、ヨシノスギや前述のムマイスギなど多くの品種がある（生方 二〇〇六）。また、育苗方法によっても、実生苗と挿し木苗に分かれる。どの苗を選ぶかは、その場所の気象と立地および造林者の好みによって決められる。植栽にあたっては、植え穴を掘った後に、葉に光が当たるよう苗木の向きをそろえて植える。植栽後の数年間は、植栽木と競合する雑草木の下刈りが必要である。

植栽後のおよそ二〇年の間に、普通は「除伐」を複数回にわたって繰り返し行う。除伐は、スギ以外の雑木を除去する作業で、種間競争を緩和する働きを持っている。これに対して、「間伐」は、種内競争を緩和する働きを持ち、形状の悪いスギを伐採する作業である。間伐の方法には、定性間伐と定量間伐がある。いずれも、林内で樹体が極度に大きくなった暴れ木や成長不良の木、および配置が悪い木を間引いて伐る。間引くことで、残ったスギ木の成長を促進し、結果として通直で太い木材を作る。この間伐も、数回に分けて繰り返すことが多い。

なお、最近とくに問題になっているのがこの間伐の遅れである。間伐が遅れると、もやし状の樹形を持つスギができてしまう。こうなると、良い木材が取れず、森林としても防災力が減ってしまう。もともと間伐は、木材の需要が高かった時期に、林業の中間収入を得るために行われた作業でもある。労働力不足とともに、木材として売れなくなったことも、間伐を行わなくなった理由である。

「ツル切り」と「枝打ち」は、植栽木の成長と樹形を保つのに欠かせない作業とされている。つる植物はどこにでも侵入する植物である。放っておくと、スギの樹冠に上って植栽木の成長を阻害する。また、幹に巻き付いて、それをいびつな形にすることもある。これらをすべて切り去る作業である。図では、ツル切りの作業を間伐時期に並べて書いたが、この時期に限らずこの作業は行われる。

「枝打ち」は、幹をまっすぐな形にするとともに、収穫後の木材に節の痕が残らないようにするための作業である。成長途中の幹から生枝を伐採すると、そのうち幹の表面にカルスと呼ばれる不定形の癒傷組織ができ、樹皮が覆って幹が自然に修復される。節の痕が表面から消えるので、木材製品の見栄えがよくなる。ところが、下手な枝打ちをすると、傷口がふさがらないで、その痕に「死に節」ができてしまう。また、枝打ちを強度にやりすぎると、葉の量が減ってしまいその後の成長が悪くなる。この枝打ちは、林業者がとくに気を使う作業である。下手をすると木材の品質を落としてしまうので、学生実習ではなかなかやらせてもらえない作業である。なお、樹木の節は木材の強度に影響をほとんど与えないとされ、枝打ちは日本以外ではほとんど行われない作業である。

これらの作業の最後に、「主伐」が行われる。伐期に達した樹木を収穫する作業である。この主伐も、皆伐と択伐に分かれる。皆伐では植林地にあるすべての樹木を伐採するので作業効率は良い。しかし、あまり大きな面積で皆伐を行うと、土壌浸食の恐れが出てしまう。一方、択伐は、収穫目的に適した木を選んで伐採を順次繰り返す方法である。単木毎に伐採を決め、その後に新しい苗が植栽される。林冠が閉じた状態をほぼ保ち続けることから、優れた方法とされている。日本で択伐が行われる人工林は、高い技術力を要するためか、ごく限られた地域にしかない。岐阜県では、今須林業がこれにあたる。高度な技術を要し手間もかかるので、ほとんどの地域では皆伐の方が採用されている。なお、森の中で伐採した木材を、林道まで運び出す「運材」という作業もこの後に続く。運材も、大掛かりで危険を伴う作業である。

主伐を行うタイミングには、長伐期と短伐期の選択がある。柱材をとるには、胸高直径がおよそ四〇センチメートルに達する時期が良い。一年に幹が一センチメートル太るなら、柱材をとるのは植栽してから四〇年後の伐期になる。一方、板材をとるには、もっと大きな樹木が必要になる。この目安は、幹が概ね八〇センチメートルに達する時期とされる(石川県林業試験場 二〇〇五)。平均的に見積もると、この時期は植栽してから八〇年後以降のことになる。最近では、長伐期化の傾向が広がっているが、これには木材市況の状態も絡むものと思われる。市況の長期予想は非常に難しい。

以上のように、林木を植栽してから主伐に至るまで、長い年月と膨大な労力が必要になる。悲しいことに、現在の日本の人工林の行く末は、油断ならない状態にある。社会が一丸となって考えないと、国土の四割を覆う人工造林地が不安定な状態になってしまう。それに、人手不足も深刻である。全国の林業就労者は一九九〇年の一〇万人から二〇一五年の五万人へと減少の一途にある。ただし、最近の明るい話題として、若い就労者の占める率が上昇傾向を見せているそうだ(二〇二一年六月三日、岐阜新聞記事)。

第2章 二次林でみつけた激動の物語

飛騨・美濃に設けた四カ所の二次林で、森林構造と年齢分布を調べ、それに聞き取り調査の結果を加えて森の来歴を求めた。現在の姿からは想像しにくいが、二次林は時々刻々とその姿を変えていた。そこに刻み込まれていた意外な人間の影響を見ていくことにしよう。

1 シラカンバの美林ができた意外な理由

訳ありの美林

シラカンバは冷温帯に生育する樹木である。その地理分布は岐阜県や福井県より東側に限られている。そのために、近畿以西に住んでいる人々にとって、シラカンバは遠く離れた高原の象徴になっている。京都育ちの私が初めて見たシラカンバは、父が社員旅行で乗鞍の山麓から持ち帰った白い綺麗な杖であった。その時は、真っ白な木肌のシラカンバが高原を覆う様子を頭の中で想像した。後に岐阜大学に奉職すると、子供の頃の情景が現実のものとして、乗鞍の山麓に広がっていた。周りの森林も美しかったが、このシラカンバ林は格別であった。そこだけが実に若々しく、樹木に生命力があふれているように見えた。最初に訪れたのは新緑の頃だっただろうか、シラカンバの葉の清々しい緑で、ぽっかりと林が浮かび上がって見えた。なぜシラカンバがここだけに集中するのか、どうして森林がこんなに整っているのか、そして、こんなに美しい森林がどうしてできたのか、是非とも調べてみたいと思った。

一九九二年の頃、私が今から三〇年以上前に調査を始めた時は、まだ高速道路が通じておらず、岐阜大学から高山市まで行くのに車でたっぷり半日はかかった。毎月のように、道中でよもやま話やら車中講義をしながら、二人の専好生をつかまえてはシラカンバ林に通った。郡上八幡からせせらぎ街道を通り、霧多き高山盆地を抜けて丹生川村（現高山市）の平湯峠の方に進むと、小八賀川沿いに曲がりくねった国道は、しだいに乗鞍の山塊に入っていく。木々に囲まれた渓流を見ながら高度を稼ぐと、乗鞍スカイラインの入口近くにある久手という場所に到着した。ここの標高は一三八〇メートルで、周辺は冷温帯の落葉広葉樹林に属し（温量指数五四・六）、ずっと上には亜高山帯にある黒々とした針葉樹の樹冠と、白い雪に覆われた高山帯がコントラストをつけて見えていた。この久手という地名は、「湫《くて》（湿地）」に由来するという（大野郡丹生川村史編纂委員会 一九六二）。しかし、調査地の内部に目立った湿地はなかった。

久手のシラカンバ林は、シラカンバのほぼ純林のように見えた。その白い木肌が整然と並び、樹高もほぼ同じであった（図2―1）。久手地区には、こんな光景が二〇ヘクタールにわたり広がっていたのである。このシラカンバ林がたどってきた歴史を、方形区を作って調べることにした。それには、まず現場の久手地区に調査の許可をお願いしなければならない。以前に人工林の調査でお世話になった岐阜県丹生川村森林組合（当時）の田和義継氏に相談を持ち掛け、久手のシラカンバ林で調査許可を得る手配をお願いすることができた。また、この近くにある日影平という場所に、岐阜大学農学部の山地開発研究施設（現、岐阜大学流域圏科学研究センター）があったので、ここをねぐらにして調査を進

図2-1●軍馬の牧場跡地に成立したシラカンバ林
このシラカンバ林が存在する場所には、かつて軍馬の牧場があったという。（高山市丹生川町久手、1992年撮影）

めた。

さて「シラカンバ」は植物分類学上の標準和名であり、一般にはシラカバ（白樺）と呼ばれている。カバノキ科の落葉広葉樹で、「パイオニア植物（遷移初期種）」のひとつとされている。パイオニア植物とは強い陽性の植物群で、植生が初期化された場所、すなわち攪乱地に素早く侵入する性質を持っている。初期成長が速いために、他の樹種が繁茂する前に、素早くその土地を覆ってしまう。寿命は一〇〇年程度と概して短く、攪乱地を求めてその棲み場所が転々と変わるといわれている。こんなパイオニア植物の生活史を、放浪生活に例える人もいる。

なお、パイオニア植物には、シラカンバの他に、後に述べるヌルデやドロノキなどを含めて、多くの樹種が存在する。これら陽性の樹種群と対比されるのが、遷移後期種と呼ばれる陰性の樹種群である。この遷移後期種は、相対的に光要求度が小さい性質を活かして、ひとつの場所を長期間にわたり占有することができる。一般に森林生態系では、パイオニア種から遷移後期種まで様々な樹種が、ひとつの場所で撹乱以降の時間を棲み分けて存在する場合がある。一つの森林域には多彩な樹木のキャラクターがそろっているのだ。しかし、久手のシラカンバ林では、大面積の土地をシラカンバというパイオニア樹種が占有している。いったい何が起こったのだろう。

まずは樹種構成から

一九九二年の夏から秋にかけて、久手の北西斜面にあるシラカンバ林に、一辺が五〇メートルの方形区（水平面積：二四四〇平方メートル）を設定した。そして、方形区の内部を一〇メートル四方の小方形区に分割して、その中にある胸高直径五センチメートル以上の樹木について毎木調査を行った。ただし、成長錘による年輪数の調査は、この方形区の中央の区画にある一三四本を選んで行った。筆者の研究室の根崎浩和と狩野光弘がそれぞれ卒業論文および修士論文でこれをまとめてくれた。このシラカンバ林には二三種三一〇本の樹木が存在した。それらの断面積合計はヘクタールあたり二〇・七平方メートルで、現存量としては、いくぶん未成熟な森林であると判断される。

この森林でシラカンバは、樹木の本数で三九・〇%を、断面積合計では六五・六%をも占めていた。

外観の通り、とくに高木でシラカンバの優占度は高いといえる。これに次いで、ウリハダカエデの本数割合が二一・三％と高かった。しかし、断面積合計では八・五％を占めるにすぎないので、ウリハダカエデの個体は小径木もしくは低木であることがわかる。このウリハダカエデも、陽性の強い樹種であるといわれる。ウリの実のような模様のついた樹肌を持つので、すぐに見分けることができる。ここにはなかったが、高木にまで育つこともある。三番目に多い樹種は、本数割合で一〇・三％を占めたウワミズザクラであった。このバラ科の落葉高木も、日当たりの良い場所を好むといわれ、犬の尻尾のような形の穂状の花をつける。つまり、この森林の七〇％強を占める樹木は、いずれも陽性もしくは日当たりの良い場所を好む樹木群であった。それに、ここは冷温帯なのに、陰性のブナの木は一本もなかった。高木の樹種構成が陽性の樹木に偏っていることや、森林が発達途上であることから、この森林が何か大きな撹乱を受けた後にできた二次林であることが推測される。

これらシラカンバ・ウリハダカエデ・ウワミズザクラの三樹種以外に、このシラカンバ林には二〇種の樹木が存在していた。それらのすべてが落葉広葉樹であった。この中で、カツラ科のカツラは本数では二本しかないのに、断面積合計が全体の五・六％と高かった。この樹種は湿性地を好む落葉高木である。その一本は、胸高直径が他の樹木より飛び抜けて大きかった。この個体は、前代の森林の生き残りであることが予想される。ヤナギ科の落葉高木であるバッコヤナギにも四八・九センチメートルの大木が一本存在したが、この樹種は陽性で速い成長速度を持つことから、比較的短い期間で大木に育った可能性も考えられる。バッコヤナギはヤナギ科の中では乾地を好む樹種とされるので、方形区内にはそれなりの乾湿差があるものと考えられる。

また、カバノキ属のダケカンバが小径ながら一一本も存在したが、これらは乗鞍の亜高山帯から久手まで下りてきたのだろう。もともとダケカンバは亜高山帯性の樹木であり、冷温帯のシラカンバとは分布帯を棲み分けている。久手から標高が高くなるとダケカンバがシラカンバより多くなり、しだいに亜高山帯の森林に移り変わっていく。四本あったオガラバナというムクロジ科（昔はカエデ科）の樹木も、ダケカンバと同様に亜高山帯にも分布する樹種である。一〇本あったミカン科のキハダは、その名の通り樹皮を剥ぐと黄色い肌が現れる。ベルベリンという成分を含み伝統的に胃薬として使われている。その他に、幹にとげを持つハリギリやミズナラ・トチノキ・シナノキなど高木性の樹種が存在したが、この森林では比較的小さな個体であった。このように、このシラカンバ林は、調べてみると外観とは異なり、意外に多くの樹種で構成されていたのである。

シラカンバ林の年齢分布は語る

最初に樹木のサイズ分布から、森林構造を分析してみよう。胸高直径の頻度分布を見ると（図2―2a）、小径の本数が多く、大径に向かうにつれて本数が減少するL字型の分布パターンが認められた。最大の胸高直径は前述のカツラの五八・五センチメートルであった。ずいぶん大きな木があるもので

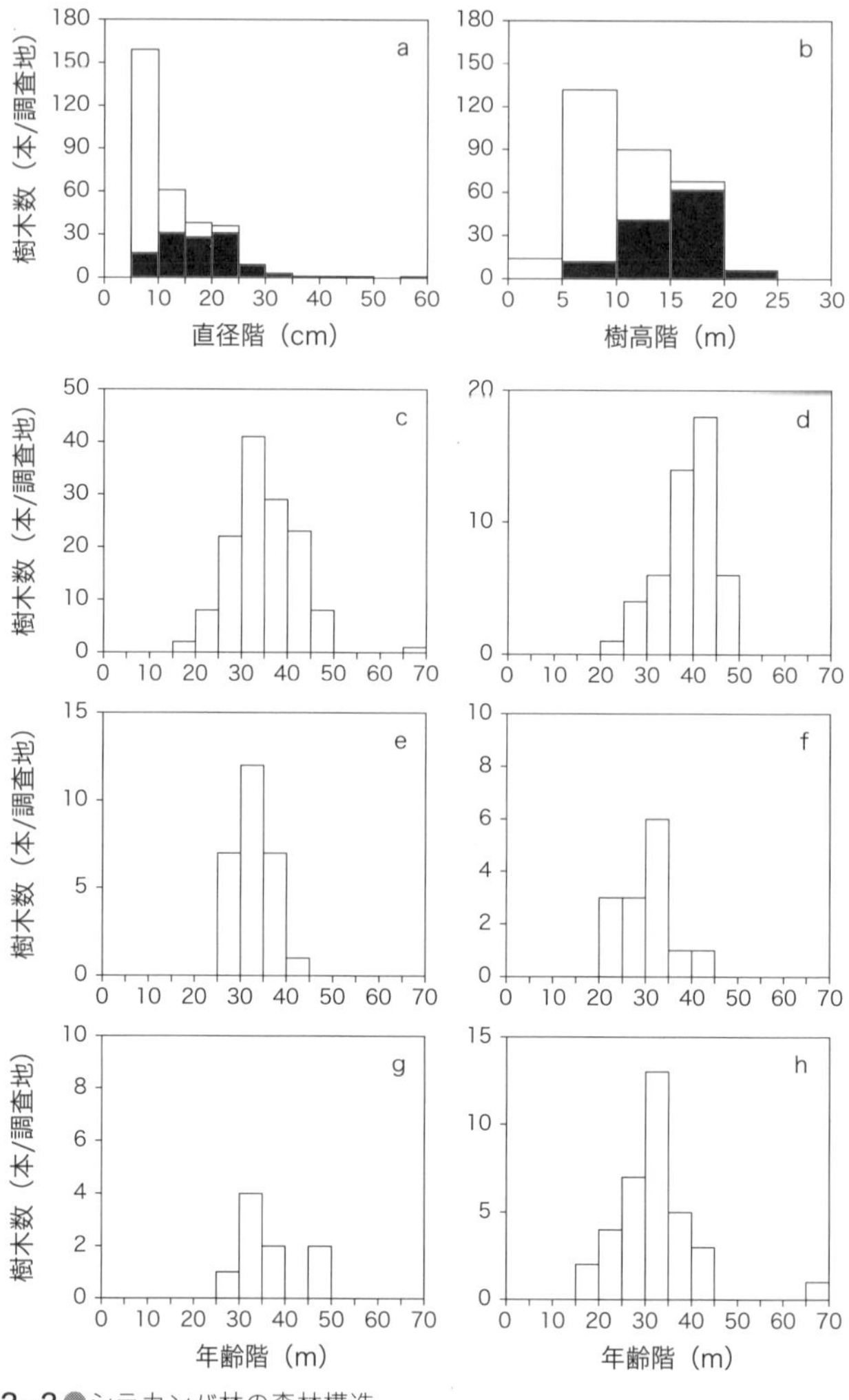

図2-2●シラカンバ林の森林構造

(a) 直径分布、(b) 樹高分布、(c) ～ (h) 年齢分布、ただし (c) 全樹種、(d) シラカンバ、(e) ウリハダカエデ、(f) ウワミズザクラ、(g) イタヤカエデ、(h) その他。(a と b の黒塗りの部分はシラカンバ)

ある。シラカンバ林で、この一本が飛びぬけて大きかった。樹種別に見ると、シラカンバは大径側に偏った一山型の分布を示し、その最大直径は四二・六センチメートルであった。ウリハダカエデには小型の個体が多く胸高直径が二五センチメートル以上のものは存在しなかった。他の樹種は、概ね一〇センチメートル未満の直径階に分布していた。なお、胸高直径五センチメートル未満には、非常に高い密度でイヌツゲ・マユミ・ハイイヌガヤなどの低木類、および前掲樹種の高木性稚樹とイワガラミ・ツタウルシなどのつる植物が存在していた。以上、胸高直径の頻度分布からみて、シラカンバはある時期に集中してこの森林に侵入した可能性がある。

同じくサイズ分布で、今度は樹高の頻度分布を見ると（図2―2b）、全体として五～一〇メートルの樹高階で樹木数が最も多く、それ以上の範囲で本数が減少するパターンが認められた。このL字型分布では、上層をシラカンバが占有し、その下層に多くの樹種が暮らしている様子がわかる。シラカンバだけを抽出すると、一転して一山型の分布が認められた。どうやら、成長速度の違いを反映して、シラカンバとそれ以外の樹種の間でサイズ分布に違いがあるらしい。やはり、森の来歴を求める際にサイズ分布だけでそれを判断することは難しい。

さて、注目の年齢分布を見ることにしよう。まず、全樹種の年齢分布を見ると（図2―2c）、全体の形は一山型に近いパターンを示していた。胸高直径五センチメートル以上の範囲で、樹木群はすべて一五年以上の年齢を持ち、三〇～三五年の年齢階で本数が最も多く、それより高齢の部分では本数が少なくなっていた。樹齢五〇年を超える個体は、ほとんど存在しなかった(根崎浩和の卒業論文)。この年齢分布は、前に思考実験のコラム2で示した一山型(図1—17b)に類似し、一斉林に近い来歴を持つことが想像される。ただし、一斉林としては年齢分布の幅が広く、樹木の定着が数十年にわたって続いたことがわかる。最近の定着が少ないのは、林冠が閉鎖して更新木の成長がよくないことが原因かもしれない。

個別の樹種に分けても、シラカンバの年齢分布はやはり一山型を示した(図2—2d)。ただし、若齢側の個体数がやや少なくなっており、シラカンバ個体の多くが三五年から四五年前に侵入したことがわかる。この時期に、何か撹乱がおこったのだろうか。若齢のシラカンバが少ないのは、この樹種が陽性であるからだろう。シラカンバの最高樹齢は四七年であった。ウリハダカエデ・ウワミズザクラ・イタヤカエデの年齢分布も、シラカンバのそれに比較してやや若齢側に偏るが、いずれもほぼ一山型を示していた(図2—2e〜g)。これらはシラカンバに遅れて侵入したことが考えられる。その他ズミ・ダケカンバ・ナナカマド・ハリギリなど一一樹種を含めた年齢分布(図2—2h)についても、同じ傾向が認められた。これらのうちで、前述のカツラの大径木の年齢は六六年であった。やはり、この木は昔の撹乱以前から存在していたようだ。

このように、久手のシラカンバ林は、シラカンバの最高樹齢から考えて、調査時点(一九九二年)から四七年前に発生した可能性がある。何らかの原因で二〇ヘクタールにもわたり撹乱が起こり、その裸地にシラカンバの種子が飛び込んで来たことが想像できる。その後に、カエデ類やウワミズザクラなど多数の樹種が侵入して、現在の森林を築いたのであろう。一九四五年頃の久手で何かが起こったに違いない。では、具体的にどんな撹乱が起こったのだろう。

ことのおこりは軍馬の生産

この時の撹乱について、久手地区に関する記録を探しまわった。そして、調査開始時からお世話になっていた前述の森林組合の田和義継氏から耳寄りなお話を伺うことができた。なんと、久手のシラカンバ林の周辺には、かつて軍馬を生産する牧場があったというのである。

これは、太平洋戦争時代のことなので、近年ここに開設された「高山市営久手牧場」とは異なる牧場である。当時、軍馬は戦時の乗用馬や輓用馬として重要であった。一九三七年から一九四五年までの期間に、軍馬は五〇万から六〇万頭も使われていた（大瀧 二〇一六）。しかし、この戦争が終わると軍馬はもはや必要でなくなる。そのために、久手の牧場は戦後になって放棄されたものと考えられる。この証言は前述の年齢分布の分析結果と時期的に一致する。かくて、久手のシラカンバ林は、かつてあった牧場の跡地にできた二次林である可能性が濃厚となった。なお、この牧場については、『丹生川村史』に若干の記載があった（大野郡丹生川村史編纂委員会 一九六二）。この地域の一五四ヘクタールあまりの土地に、旧久手牧場が明治五年四月に創設されたそうである。ただし、当時の牧場で何が行われていたか、それがいつ廃止されたかまでは書かれていなかった。

このような例はほかの地方にもあった。大住（二〇〇五）は、北上山地の植生の復元を試み、人間が森林に火を入れて草原とした後に、これらの草原が放置された場所にシラカンバ林が成立したと考えている。ここで草原は主に牧場（市川ら 一九八二）に使われたのであろう。中静（二〇〇四）は、東北地方で林内放牧が行われていた時期があり、放棄後の牧場に二次林が再生していると述べている。京都大学の北海道研究林には、戦後になって軍馬の牧場が払い下げられた場所があるそうだ（渡辺 二〇一二）。

そういえば、宮沢賢治の『風の又三郎』にも、山中にある馬の牧場のことが書かれていたことを思い出した。ちなみに岐阜県では、一二世紀の宇治川先陣争い（注8）で活躍した二頭の名馬「磨墨と池月」以来、馬の生産が盛んに行われていたといわれる。このうち先陣争いに勝った池月は丹生川産らしい。古くから近年まで、牧場は山地の斜面を活かす手段であったのだ。こんなことを、私たちは忘れかけている。

以上のことを整理すると、久手のシラカンバ林の来歴は、次のようであったと考えられる。太平洋戦争時代の牧場は、ササや牧草が生える一面の草地で、そこにはカツラの木などが点々と生えていた。馬たちは、この木陰で休んでいたかもしれない。戦後になってこの牧場は放棄され、そこにシラカンバの種子が大量に落下した。シラカンバの種子は二枚の翼を持ち、風で遠くに飛ぶことができる。牧場跡地で発芽したシラカンバは、急成長して素早く周りの空間を占拠した。少し遅れて、カエデ類やウワミズザクラなど他の樹種も侵入を始めた。そして四七年間が経過し、この場所は美しいシラカンバ林に育った。

美しさの陰に潜むもの

万物は流転して、美しいものもいつかは消える。私は、調査していた当時、あることを心配していた。久手のシラカンバ林は見事な一斉林である。この一斉林はある危うさを持つ可能性がある。一斉林型の森林では、樹木の共倒れが起こりやすいとされる。たとえば、南日本で、挿し木苗を用いてスギを植林したら、すべての個体がほとんど同じ樹高と直径を持つ人工林に育った。そこまでは良かったのだが、思わぬ雪害に遭って、多くの森林が崩壊してしまったそうだ（依田 一九七二）。つまり、一斉林では、似た者同士の樹木が森林を構成するために、森林が特定のストレスに抵抗性を持たず一気に崩壊することがある。この久手のシラカンバも、そんな危うさを持っているのではないか。

当時、隣接する上宝村にある新穂高ロープウェイの近くに、卒業生の井上昭二の紹介で、シラカンバがかなり老齢化した林分があることを知った。ここで成長錘を使って調べたシラカンバの最高樹齢は一〇七年であり、最大直径は四六・五センチメートルであった（狩野光弘の修士論文）。もしシラカンバの寿命がこの程度の短さであるとすると、久手にシラカンバ林ができて一〇〇年あまりが過ぎた頃に、林冠の一斉崩壊が起こる可能性がある。一九四五年を起点とすると、崩壊の時期は近づいているのかもしれない。もし、久手地区でシラカンバ林の崩壊が起これば、小八賀川流域の土砂災害の危険度が増すだろう。

ところが、この不安は杞憂に終わった。実は、調査に通っていた頃から、この場所にスキー場ができるという噂がささやかれていた。そして、現地を二〇二一年に訪れたところ、私たちが調査したシラカンバ林はすでに大方が伐採されていた。ここにスキー場は定着せず、牧場や環境学習のための施設などができていた。その周辺に、名残りの年老いたシラカンバ林が今も少しは残っている。森林は一息つく間もなく、人間に利用され続けることを目の当たりにした。

2 ゴールドラッシュの夢の跡——炭焼きの後にできた落葉広葉樹混成林

飛騨荘川の六厩

今回の舞台は、現在の高山市荘川町六厩にある落葉広葉樹林である。久手のシラカンバ林から高山盆地に一旦おりて、国道一五八号線を西に向かい、小鳥峠と松ノ木峠を越えたところに六厩がある。かっては、高山市から白川村に抜ける街道に沿う宿場であったそうだ。六厩は荘川にある小さな在所のひとつである。六つの厩《うまや》があったので、この地名がついたともいわれる。「むまい」または「むまや」と読み、二〇〇五年に高山市に編入されている。調査地は六厩の集落から庄川の支流六厩川を北に七キロメートル下ったところにあり、その下流は御母衣湖にそそいでいる。これは巨大なダム湖である。ダムができる以前は、この湖の辺りが荘川村の中心であり、寄棟式入母屋造りの合掌家屋もあったようである。荘川村の気候風土に合うせいでもあろうか、屋根が白川村の切り妻造りよりやや複雑な形になっているのが興味深い。

六厩のある飛騨地方は、かつて江戸幕府が直轄する天領であった。これは、一六九二年頃に高山藩の金森氏が出羽国に移封された後のことであり、今も高山市には幕府の代官が執務した陣屋跡が保存されている。飛騨の地は、平野が少なくて米作には不向きだが、木材資源と鉱物資源が豊富であった。幕府の目は、おのずと山の恵みに向かった。木材の伐採・炭焼き・焼き畑・金の採掘など、これらの生業・産業は地域が生計を立てるために重要であった。かつての荘川村の六厩も、この例にもれない。

なかでも、木材の伐採は生計の要であった。昔、荘川村には「裏スギ」の立派な天然林があった。裏スギとは日本海側の多雪地に生えるスギの系統で、伏条更新(注9)を行って繁殖する。その中に「ムマイスギ」という品種がある。なお、太平洋側のものは「表スギ」と呼ばれる。裏スギは樹冠の下部に長い枝を持つが、伏条更新しない表スギはそれを持たない。現在、荘川のムマイスギは大木が尾根筋に点

図2-3●夫婦スギ（ムマイスギ）
マドギ（合体木）は伐採の禁忌に触れるので残された。若いスギ造林地にあって、まるで昔を語る古老のようだ。（高山市荘川町、2005年撮影）

在する程度になり、「夫婦スギ」という合体木がその象徴となって残っている。荘川で複数の樹木が癒合したマドギは、連理の枝を連想するためか、伐採することがタブーになっている。この理由で「夫婦スギ」は伐られずに、今、若い造林地の中にポツンと立っている（図2―3）。

ムマイスギを含む運材に関する逸話がひとつある。『荘川村史』によると、かつて、この地区の樹木は庄川を使って下流域の富山側に流送されていたのだそうだ。同じ岐阜県内にあっても昭和のはじめまで、日本海側の荘川から太平洋側の美濃地方に通じる自動車道がなかったのである。ところが、電源開発事業が認可されて、庄川に多くのダムが作られることになった。このダム群は、木材の水運経路を断ち切ってしまった。これは上流域の林業にとって死活問題となり、このせいで「庄川流木事件（注10）」が起こった。この木材の流送権をめぐる係争は深刻化し、結局、県営事業で岐阜県側に通じる総延長三二キロメートルの「百万円道路」をつけることで折り合いがついた。今、岐阜市から荘川町までは、蛭ヶ野を経由して国道一五六号線が通じている。この道路の一部は、実に昭和になってからできたのである。

こんな逸話から、昔の六厩は、日本海に流れ込む庄川に沿って北陸地方と主に交流していたことがわかる。今は、東海北陸自動車道も通じ、岐阜や富山の市街地への通行は便利になった。かつての街道沿いには、名物の蕎麦店が軒を並べ、森と別荘地に囲まれて荘川は静かにたたずんでいる。

六厩に広葉樹の総合試験林ができた

このようにして、原生状態にあったムマイスギなどの森林は、あらかた伐られてしまったものと考えられる。後に残るのは、なにがしか人手の入った場所である。標高が高くて寒冷な飛騨の山は、立地条件が厳しくて、必ずしも針葉樹の人工造林には向かない場所がある。そのため、このような場所に広葉樹を人工的に育成して、その木材を積極的に利用することは、飛騨人が望むところであった。しかし、広葉樹は樹種も多様で成長過程がよくわからないため、造林の対象にはなり難いという事情があった。一〇〇年の林学で支えられたスギやヒノキとは事情が違うのである。荘川村の人々は、そのことに忸怩たる思いを抱いていたのだろう。これが動機となって、岐阜県荘川村（現、高山市）が、県や大学とともに広葉樹研究に取り組む計画を進めた。ここに私たちの研究室の出番が巡ってきた。

一九八一年から、荘川村と岐阜県と大学の三者で、広葉樹林の利用に関する共同研究が始まった。この間の事情は、前述の拙著『森の記憶』に詳しく書かれている。このプロジェクトでは、岐阜県の寒冷地林業試験場（当時、竹之下純一郎場長）が、広葉樹の育成に関する試験研究を担当した。岐阜大学の石川達芳教授が率いた我々の研究グループは、京都大学の協力のもとに、広葉樹林が自然に更新し成長するパターンの研究を担当した。当時の村長寺田義夫氏が用意してくれたのは、六厩の集落から北に数キロメートル入った財産区有林（一三ヘクタール）で、ここに後の「広葉樹総合試験林」となる調査地ができた。林道も通じており、移動や資材運搬も楽にできるので、調査地にはぴったりの場所だった。

荘川の猿丸地区にある公民館を借り切って、岐阜大学と京都大学の教員と学生およそ二〇名が合宿する形で、後に説明する「対照区」と「皆伐区」の設定を約一週間かけて行った。自動車で公民館から六厩まで毎日移動するのだが、当時の国道には軽岡トンネルはなく、曲がりくねった新軽岡峠を経由しなければならなかった。峠を降りると、六厩の集落がみえた。ここから試験林までは細い林道である。下見に行った時には、森の中にクマの捕獲檻が置かれていた。用心した方がよさそうだ。現に、調査に行った学生がクマを見かけたことがある。

六厩は冷温帯に属す場所である。通常、飛騨地方では山腹の所々がブナ林で覆われているものである。ブナの木が見られない場所は少ない。ところが不思議なことに、六厩の集落を下って調査地あたりの山麓に、ブナの木は皆無であった。一本も見かけないのである。もっとも、尾根に上がるとブナ林があった。なぜブナがこのような分布を示すのか、あれこれ考えた。

ひとつの可能性は、六厩の気象にあるだろう。前述のように、六厩は寒いところである。とくに、冬の放射冷却時にひどい低温になる。かつて六厩のアメダス観測所は、日最低気温の記録（一九八一年、マイナス二五・四℃）を持っていた。ここは準平原状の地形であるために、気温がひどく低下する。ずっと昔にブナ林が山麓から尾根まで覆っていたとしても、どこかの時点で、ブナの枝の耐凍度（マイナス二七℃、酒井 一九八二）を超える寒気が山麓を襲ったことで、この部分のブナが一掃された可能性が考えられる。

もうひとつの可能性は、人為的な伐採であろう。ブナは周期的結実性（第3章）を持つ樹種なので、過去にブナの実生が少ない時期に山麓の森林が伐採されたのであれば、このような分布になることも考えられる。しかし、伐採された後に、山麓にブナが一本も再生していないのは奇妙である。尾根だけにブナが残る現象も、これでは説明できない。いずれにせよ、不思議な現象であった。

さて、調査を始めた一九八〇年代の当初、はるばる六厩まで大学から毎週のように通った。片道四時間あまりの道のりであった。現地には、荘川村が村内から移築してくれた二階建ての建物があり、これを研究の基地にした。この調査地には、幹の直径が六〇センチメートルを超すミズナラやイタヤカエデ、シナノキなどがあって、それらの下方には数多くの低木が生えていた。森林の階層構造ができていて、クマの捕獲檻の辺りを除いて伐採の形跡もほとんど見られなかった。樹木も大きく、実に多様な樹種が存在することから、私たちは後にこの森林を、「混成林」と名付けた。その第一印象から、調査地の森林は、二次林というよりも原生林に近い状態なのではないかと思った。後に示すように、この予想は見事に外れることになる。なぜこの混成林が原生林に見間違うほど大きく育ったのか、この森の来歴は私たちの好奇心を大いにくすぐった。

調査地作り

このプロジェクトで、私たち大学の研究室は、西向き斜面にある山脚の一画に調査地を作った（図2—4）。調査地の標高は一〇〇〇メートルで、気象庁が設置した六厩のアメダスデータから判断して冷温帯にあたる（温量指数五七・五）。斜面に、一〇〇メートル四方の方形区（対照区と呼ぶ）を設置して、森林が自然の状態でどのように変化するかを調べた。方形区といっても、山の中で直線状に四角形を設定するのは難しいというか不可能な作業である。とくに、急峻であったり下層植生が繁茂する場所では、計測用の巻尺を持って目印のテープを張ると、まっすぐ歩くことすらできない。はたして後で外枠のコンパス

図2-4●高山市荘川町六厩に設けた調査地
写真上に白く囲った正方形が対照区で、緩衝帯をはさんで左側に皆伐区がみえる。下に流れるのは六厩川。（1999年撮影）。

測量を行うと、この方形区の水平面積は一・〇六ヘクタールとなり、実際にはいくぶん歪んだ四角形になっていることがわかった。樹木の位置や調査区の様子を詳細に記録するために、方形区の内部をさらに一〇メートル四方の小方形区に分割した。ここで毎木調査を一年に一度行い、胸高直径八センチメートル以上の樹木について、幹の直径成長と個体の死亡を定期的にモニターすることにした。

六厩のように大型の樹木が存在する調査地や第3章の原生林の調査地では、幹直径を測定するにも相当な苦労がいる。まず、幹の胸高直径が五〇センチメートルを超える大木では、幹に直径巻尺を回すのが一人ではできない。一人が幹の後ろ側に回って、幹に付着物がないか、まっすぐに巻けているかを確認して、巻尺の先端を計測者に手渡す作業が必要になる。六厩の調査地には、複数の樹木の幹が癒合しかかっているものが何本かあった。こんなものに出会うと、癒合位置に開いた小さな穴に巻尺の端を差し込むのに難儀した。ツタウルシが絡む幹も肌の弱い人には難物である。

この毎木調査は現在まで続いている。幹に付けた白い水性ペンキのベルトは乾くと不溶性になるのだが、実は幹自体が成長するために樹皮が剥がれて五年と持たない。とくに成長が速い木では、目印のベルトがすぐに途切れてしまう。ミズナラの大木など、荒い樹皮を持つ樹種でもペンキの持ちが悪かった。数年間に一度は、すべての樹木にベルトを書き直し、個体識別のための番号ラベルを打ち直さねばならず、これが一苦労であった。また、樹冠が高い位置にあるため、個体の生存・枯死の別を判定するのに時間がかかった。樹皮の剥がれがないかを確認し、怪しい木を見上げて、葉が褐色に変色しているか、すべての葉がすでに脱落しているか、翌年の成長の起点となる冬芽や小枝がないかを確認するのは、首の痛くなる作業である。幹にキノコがいっぱい付いている木も、すでに死亡している可能性が高い。さらに、小方形区の四隅に打った杭は斜面が緩むと流れやすく、目印のために杭どうしを結んだテープはせいぜい数年しか持たなかった。すべてのテープを、その都度張り替えなければならない。杭が流れた場合は、初年度に書いた樹冠投影図の立木位置を頼りに、残った杭と周囲の高木を見て、元の位置に新しい杭を打ち直す。幸いにして、高木の根元位置は前回から動かない。調査地の保守にはすごい手間がかかるのだ。

この森の来歴を、「対照区」と同時に設定した「皆伐区」の結果を合わせて求めようとした。もともと皆伐区は、伐採直後に起こる森林の再生過程を調べようと計画した場所であった。ここでは、芽生えの定着と成長のパターンをモニターすることにしていた。しかし、このためだけに森林を伐採するのはもったいない。この皆伐区をさらに有効利用するために、伐り株を使って年齢分布を調べることにした。というのは、対照区の森林では樹木が大きすぎて成長錘が使えないし、そこで継続調査を行うために樹木を伐採することもできないからである。年齢分布を調べるには、他に良い手立てがなかった。

この皆伐区は、対照区から二〇メートルの緩衝帯を設けた場所にあり、水平方向に四〇メートル幅で、斜面方向に一〇〇メートルの長さの大きさを持っている。森林の状態は対照区とほぼ同じであっ

図2-5●六厩調査地に作った皆伐区
皆伐後の植生変化を見るために、この場所にあったすべての樹木を実験的に伐採した。(1985年撮影)

た。ここで、伐採前に樹種を調べ胸高直径を測定したうえで、伐採後にルーペを使って伐り株の年輪数を数えた。腐朽が見られた一五株を除き、一九八五年には二〇六本分の伐り株があった。

伐採前の森林は、樹高が二〇メートルを超えるような大型の広葉樹でできていた。〇・四ヘクタールの皆伐区といえども、そこに存在する巨木をすべて伐倒するのは、危険すぎて素人の技術ではできない。また、伐採跡地に横たわる重い幹や枝を整理するのも、とても人力だけでできるものではない。森林伐採にはプロの技術をお借りすることにした。幸いにしてこの調査計画には、荘川村や岐阜県の協力があった。大学側の目論見にしたがって皆伐作業を行ってくださったのは、当時の荘川村の森林組合の方達であった。彼らは、伐り株の高さもおおよそ地際付近でそろえてくれた。伐倒木を処理するとともに、地面にはびこるササ類を一時的に除去すると、皆伐区は丸裸の状態になった（図2―5）。なお、ササ類を処理したのは、樹木の更新を促すためであるが、このササ類は一年程度で元通りの状態になった。

これら対照区と皆伐区から成る調査デザインは、当時の京都大学の堤利夫先生と荻野和彦先生の発想によるものであった。目的は、あくまでも広葉樹林の基礎生態の理解である。これによると、広葉樹林ができてからどのように構造が推移し、それぞれの樹種がそれにどのように関与するかがわかるはずである。これは、じっくりと基礎を学んで、広葉樹林の性質を見極めることが重要であるという研究姿勢にもとづくものである。性急に広葉樹の応用技術を目指すよりも、この方がずっと大切なことが今にしてよくわかった。岐阜大学の研究室は、現在に至るまで、調査のフォロワーをずいぶん長く務めたことになる。

どんな樹木で構成されているか

さて、二〇一二年に行った対照区における毎木調査の結果では、一・〇六ヘクタールの面積に胸高直径八センチメートル以上の樹木が四七六本あり、胸高断面積合計はヘクタールあたり三二・二平方メートルであった。調査対象樹木の測定下限がより大きいにもかかわらず、前に調べた久手のシラカンバ林より二倍近く現存量が大きかったことになる。しかも、ここには二九の樹種が詰め込まれていた。

本数割合が最も多かったのはヤマモミジの二〇・八%であったが、その断面積合計は七・二%にすぎず、これらが林冠の下にある個体であることがわかる。ついでミズナラ（一七・四%）、イタヤカエデ（一四・五%）、クリ（七・八%）、シナノキ（六・一%）の順に本数が多かった。他のコハウチワカエデ・ウワミズザクラ・コナラ・ホオノキ・トチノキなど二四樹種が、それぞれ五%未満の本数割合で存在していた。幹の胸高直径が四〇センチメートル以上に達した樹種は、一〇種（シナノキ・ミズナラ・トチノキ・クリ・コナラ・イタヤカエデ・ヤチダモ・ハリギリ・ハルニレ・シラカンバ）もあった。ほかに低木層で暮らす樹種には、ノリウツギ・ツリバナ・マユミなどが存在した。実に多様な樹種がこの混成林には存在する。久手のシラカンバ二次林とはかなり違う。これには、どんな理由があるのだろう。

あっと驚いた年齢分布

二〇一二年の対照区のデータを使って、まずは森林のサイズ分布を調べた。樹木群の胸高直径の頻度分布を見ると、小さい直径階ほど樹木の本数が多くなるL字型の分布を示した（図2―6a）。最大直径はシナノキの九六・一センチメートルであった。この個体は、数本の複幹からなる箒状の樹体を持っていた。なお、一〇センチメートル未満の直径階に樹木本数が少ないのは、先に述べた測定の下限設定が八センチメートルであることによる。外見が原生林に見えたのは、まさに胸高直径の分布がL字型を示したためである。しかし、後で述べるように、これは見かけ上の判断にすぎなかった。

一方、樹高の頻度分布（図2―6b）では、一五～二〇メートルの樹高階で樹木数が最も多く、その両側の樹高階で樹木の本数が減少していた。樹高分布は歪んだ一山型を示した。直径と樹高で頻度分布の型が異なったのは、次のような理由によるのだろう。この森林では、個体のサイズ間で樹形が異なっていた。小径の個体は大径のものと比較して、細長い幹、つまりもやし状にひょろ長くなっている。これは、暗い環境に置かれた下層木が、光を求めて競い合っていることを意味するのだろう。そのために、樹高の頻度分布が、直径分布に較べて高い樹高の側に偏ったものと考えられる。

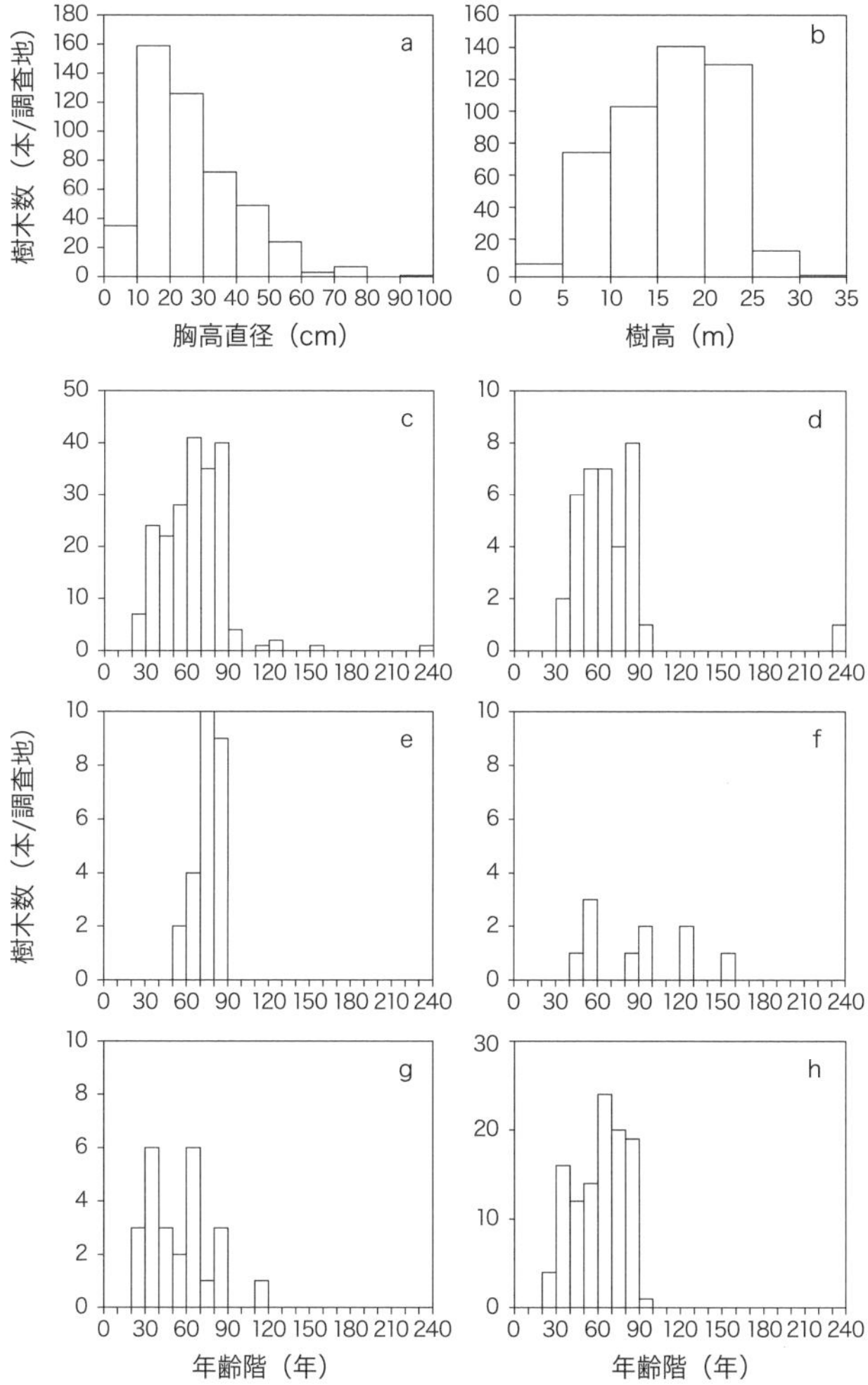

図2-6●六厩調査地の落葉広葉樹混成林の森林構造
(a) 直径分布、(b) 樹高分布、(c～h) 皆伐区の年齢分布：(c) 全樹種、(d) イタヤカエデ、(e) ミズナラ、(f) ヤマモミジ、(g) シナノキ、(h) その他。

私たちがあっと驚いたのは、樹木群の年齢分布のグラフを見た時のことである。一九八五年に隣接する皆伐区で調べた全樹種の年齢分布（図2―6c）では、明らかに九〇年以上の年齢階にあるはずの樹木群が、年齢分布の上でまるで絶壁のようになって欠如していた。つまり、樹齢九〇年を境にして年齢分布の断絶が明瞭に生じていたのである。この年齢分布型は思考実験による一斉林型（図1―17b）と見るべきかもしれない。

六厩調査地が原生林であるという説は完全に否定されたようだ。この年齢分布の断絶は、調査時の一九八五年から遡っておよそ九〇年前に、ここで何かが起こったことを意味している。これは明治二八年頃にあたる。この森林は、過去に大きな撹乱を経験していたのである。年齢分布の断絶という状況証拠ではあるが、ここは立派な二次林なのであった。

皆伐区で樹木の年齢分布に断絶が起こる現象は、樹種別にみてもイタヤカエデ、ミズナラ、シナノキに存在した（図2―6d、e、g）。ただし、ヤマモミジだけは、九〇年より古い年齢階に三個体が存在した（図2―6f）。また、イタヤカエデには、樹齢二三五年の一個体だけがポツンと離れるように分布していた。これらの個体は伐り残しであろう。ミズナラは、比較的狭い年齢階に個体が集中するという特徴的な分布を示していた。その他としてまとめたアカシデ・エゴノキ・キハダ・コハウチワカエデ・ハリギリ・ホオノキなど二〇樹種についても（図2―6h）、樹齢九〇年以上の個体がほとんど欠如していた。

六厩で調査したほとんどの樹木は、撹乱後に発生したものであると考えられる。ただし、年齢分布からみて、シナノキ・ハルニレ・イタヤカエデ・ヤマモミジには、撹乱の前から存在した個体も何本かは含まれているようであった。私たちは、この撹乱の正体についていろいろと議論した。明治二八年頃に、飛騨で大きな自然災害は起こっていない。ということは、人間による利用であった可能性が強くなる。村の記録を調べてその正体を探ることにした。

炭焼きとゴールドラッシュの夢の跡

『荘川村史』によると、この地域で山を使う主要な生業には、「焼き畑」と「炭焼き」があった。焼き畑では、森の樹木を燃やして灰化し、それを肥料にしてヒエやアワやソバなどが育てられる。平地が乏しい場所で、食料を生産できる有力な手段であった。一カ所の焼き畑地は数年間で放棄され、別の場所に移動して続けられる。このために、焼き畑は前述のように「移動農耕」とも呼ばれている。常畑の面積が狭い旧荘川村は、戦前頃まで、岐阜県内でも有数の焼き畑地帯であった。一方、炭焼きは、数ヘクタールの規模で森林を皆伐し、そこで採取した樹木で炭を作る。山中に作った炭窯を使い、樹木を蒸し焼きにする。炭という燃材は、薪よりコンパクトで軽いという利点を持ち、これを町に売ると良い現金収入になった。なお、焼き畑については佐々木（一九七二）が、炭焼きについては岸本（一九七六）と宇江（一九八八）がより詳しく解説している（コラム3）。

図2-7●六厩調査地の近くに残る坑道の跡（2004年撮影）

これらから考えて、皆伐区で検出した年齢分布の断絶は、焼き畑と炭焼きのどちらかによる公算が大である。私たちは、明治二八年頃に、炭焼きが原因で撹乱が生じたと考えている。もし焼き畑の方が行われていたのなら、この地にあるほとんどすべての樹木が灰になったはずである。これは、皆伐区に撹乱前の樹木が残存していた事実と合わない。炭焼きによるという可能性は、別の面からも支持される。実は、露天掘りで鉱石を掘った跡が、方形区内に残っている。斜面の裾から河原にかけて、地表に不自然な凹凸が今でも見られる。古い坑道跡も近くにみつけた（図2―7）。奇妙にも見えるが、これらの事実と炭焼き説は繋がりを持つ可能性がある。

荘川はかつて金の産地であった（荘川村史編纂委員会　一九七五）。現地で「灰吹き法」により鉱石から金を分離する時に、大量の白炭が必要とされる。この時に行われた炭焼きが、かつて調査地に撹乱を起こした可能性がある。昭和の時代まで採掘が続いていた形跡もみつけた。それは錆びて樹木の幹に食い込んだ太いワイヤーであった。そのワイヤーは、おそらく鉱石を山の上から降ろすのに使われていたのであろう。今でも、調査地から一キロメートルほど上流の河川敷にそのワイヤーの末端が残っている。このワイヤーを辿って登ってはみたが、残念ながら急峻な地形に阻まれて坑道までは辿り着けなかった。

調査地から六厩川を少し遡ったところに、「千軒平」という地名が残っている。現在、ここに民家は一軒もない。一般に、千軒平という地名は、過去に栄えた集落がその後に衰退した場所に使われることが多い。私たちは、学生実習を行った際に、ここで古い石畳の跡をみつけたことがある。ここには鉱山師の信仰する社が置かれていたとされている。この場所の千軒平という地名は古くに遡るもので、おそらく金の採掘に関係する昔の賑わいを表すものであろう。なお、今でも砂金を趣味的に探す人をここらでちらほら見かける。荘川に続いていたゴールドラッシュの歴史が、この混成林の来歴に関係する可能性があるとは、調査を始めた時には夢想すらしなかった。

二次林の時間変化

この調査地で、確かめておきたいことがもうひとつあった。時間が経過すると、二次林の姿はどのように変化するのだろう。これを一カ所の森林で調べ続けた研究は少ない。とくに、二次遷移の途中で何が起こったかについて、大いに興味がそそられる。荘川調査地では、皆伐区で撹乱の当初に起きたことを現場で調べ、ついで対照区で森林が成熟した後に起きたことを調べた。それらをつなぎ合わせれば、一代の森林が成長する様子が再現できるはずである。

皆伐区と対照区で調べたことから推定すると、今の落葉広葉樹混成林のたどった履歴は以下のよう

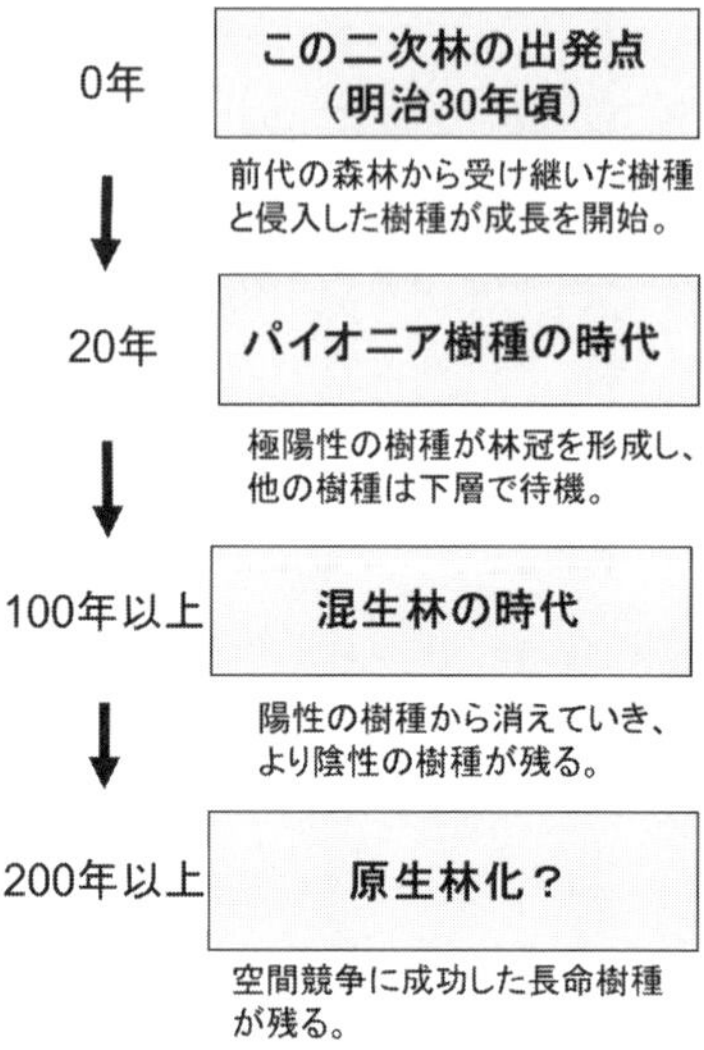

0年
この二次林の出発点
（明治30年頃）
前代の森林から受け継いだ樹種と侵入した樹種が成長を開始。
20年
パイオニア樹種の時代
極陽性の樹種が林冠を形成し、他の樹種は下層で待機。
100年以上
混生林の時代
陽性の樹種から消えていき、より陰性の樹種が残る。
200年以上
原生林化？
空間競争に成功した長命樹種が残る。

図2-8●六厩調査地の落葉広葉樹混成林で推定した樹種の交代様式
パイオニアから混成林の時代を経て、森林がしだいに成熟していく。（小見山　2000を改変）

になる（図2—8、小見山 二〇〇〇）。森林の年齢分布から、もともとこの場所にあった森林は、シナノキ・ハルニレ・イタヤカエデ・ヤマモミジなどが生える落葉広葉樹林であったと推測される。ところが、明治二八年頃に、この前代の森林が皆伐され、その後に初期の植生が侵入した。皆伐区の調査結果によると、初期の植生は、伐り株から発生した萌芽枝、伐り残された木の成長、外部から侵入した種子の発芽、そして埋土種子の発芽によって形成されたと考えられる。この状態が、落葉広葉樹混成林の出発点となった。

出発して一〇年ほど経過すると、対照区に「パイオニア樹種の時代」が到来したものと考えられる。これは、皆伐区の調査結果から類推したことである。現在の皆伐区では、埋土種子から発生したウルシ科のヌルデが、強い陽性の性質を活かして伐採跡地を素早く占有した。このヌルデは、パイオニア樹種の一つである。その実を鳥が食べ、土に落とした糞にヌルデの種子が含まれる。この種子は長期にわたり土の中で休眠することができ、日射を受けて土が高温になった時だけ発芽する。現在の皆伐区を素早く占有したのは、ヌルデにこんな性質があるからだろう（小見山 二〇〇〇）。もちろん、明治二八年頃の撹乱地が、はたしてヌルデ林であったかどうかはわからない。パイオニア樹種が撹乱の初期に繁茂する現象は、他の炭焼き跡の二次林でも認められる（サンケッタら 一九九四 英文）。

このパイオニア樹種の時代は長く続かなかっただろう。一般に、陽性の樹種は森林が発達すると消えていくと考えられている。実は、現在の皆伐区では伐採から一二年が経過するとヌルデは一斉に衰退してしまったのである。この衰退は、意外にも昆虫の食害がその原因であった。フサヤガというヤガ科の蛾は、ウルシ科の樹木の葉だけを食べる蛾である。これが爆発的に繁殖して、その幼虫がウルシ科のヌルデの葉と芽を食いつくしてしまったのだ（谷津繁芳の修士論文）。ヌルデが全滅すると、フサヤガも一斉にいなくなった。両種とも、まさに新天地を訪ねて歩く放浪者のようであった。過去にも同様のことが、撹乱の初期に起こったに違いない。

この後、森の姿はどうなっただろう。隣にある現在の対照区では「混成林の時代」が訪れていた。この混成林のもとを作ったのは、パイオニア樹種の時代に、下層に隠れていた樹木群であることが考えられる。なぜなら、現在の皆伐区ではヌルデの林冠下にあった樹種群が、ヌルデが消失した後に一斉に成長を開始していたからである。前述のサンケッタらの論文も、撹乱初期に存在した樹種がその後の樹種構成を担ったことを報告している。

すなわち、この対照区の森林が撹乱を受けた当初には、前代から引き継いだ遷移初期種と後期種が共存していたことが考えられる。その後、混成状態のままに森林が成長すると、樹種間で空間の獲得競争が起こる。この対照区では、サクラ類やカンバ類など陽性の樹種群がだんだん衰えて、カエデ類やミズナラなど相対的に陰性の高い樹種群の優占度が高まっていった。とくにミズナラは長命の樹種である。この混成林の樹種構成は時々刻々と変化しているのだ。

なお、「混成林の時代」の出来事の一部は、実測した毎木調査の結果から直接的に知ることができる。筆者の研究室の中川雅人の修士論文が、一九八三年から二〇一二年までの期間に対照区の樹木群の成長を調べて、この混成林の動態を克明に記録している（図2―9）。それによると、この三〇年間を通して、対照区の森林の地上部現存量は増加し続けた。一九八三年にヘクタールあたり一四七トンの現存量であったのが、二〇一二年には二三三トンにまで増加し、両者を較べると現存量は一・六倍にもなった。一〇〇歳などは森林にとってさして老齢ではないようだ。

対照区の樹木密度は、「混成林時代」の三〇年間に、一ヘクタールあたり五九四本から四二二本まで減少していた。樹木密度は、樹木の枯死と更新のバランスで決まる。樹木の枯死は小径木を中心に起こり、この二九年間の追跡結果からすると、対照区で死亡した樹木の実際の本数は平均して毎年七本であった。一方、樹木の測定範囲八センチメートル以上への進級は、同じく毎年三本にすぎなかった。

このように、「混成林の時代」になると、森林内で樹木の更新と死亡がかなり安定すると見られる。

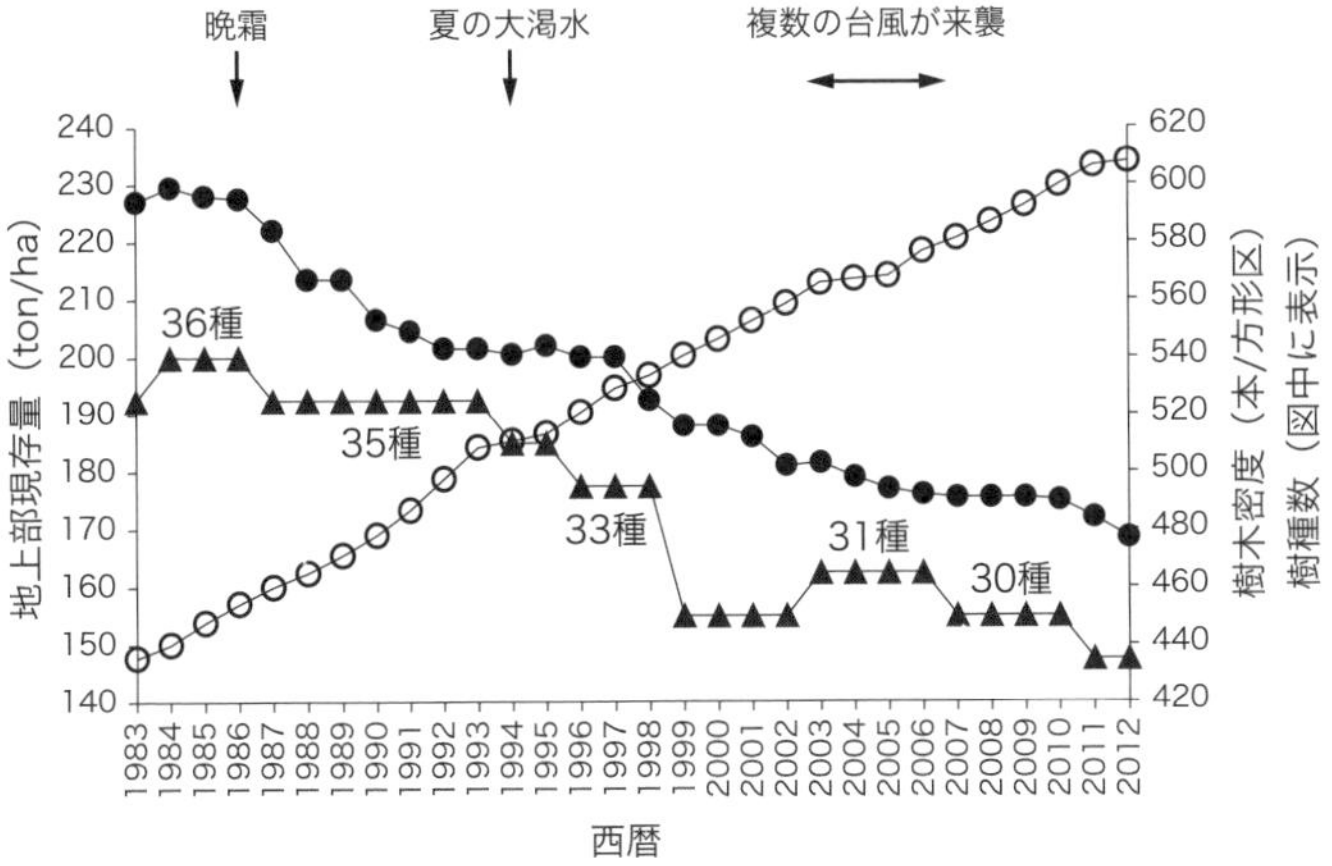

図2-9●1983～2012年の対照区における森林の変化
地上部現存量、樹木密度、樹種数の時間変化を示した。六厩調査地で実測した数値による。期間中に起こった気象害を図上に示した。
○地上部現存量、●樹木の本数、▲樹種数。

ただし、三〇年間で見ると、樹種数は三五種から二九種に減少していた。図で一九八四年と二〇〇四年に樹種数がわずかに増加したのは、マユミとツリバナが進級木として直径の測定範囲に参入したことによる。進級木とは、測定の下限設定（ここでは胸高直径八センチメートル）を新たに超えて、毎木調査の測定範囲に進級した樹木のことである。

あらためて、図2―9を見ると、たしかに全体の傾向としては、森林の地上部現存量が時間とともに伸び続けている。ところが、地上部現存量の成長量は、平均気温や年降水量と有意な相関関係を持たなかった。むしろ、突発的な気象害が、成長量を一時的に低下させた形跡が弱いながらも見られた。一九九四年に夏の大渇水が起こると、森林の地上部現存量の伸びは数年にわたり停滞していた。樹種数もこの後顕著に減る様子を見せた。この夏は全国的に水不足が生じ、四国地方では給水制限があったことをよく覚えている。荘川でも夏にひどい渇水が起こったので、これが樹木の成長をひどく阻害したのだろう。また、二〇〇四年前後に、地上部現存量の伸びが停滞しているようにみえる。これは、複数の台風が荘川を直撃したことに関係すると考えられる。大枝が折れ、葉が吹き飛ばされたことで成長量が低下したのだろう。

このほか、例の晩霜害が、一部の樹種の成長量に影響を与えることがあった。一九八六年の五月下旬に六厩調査地で生じた晩霜害では、谷一帯のホオノキやミズナラの葉が、降霜に遭い茶色くなって枯れた（小見山・水崎 一九八七）。このことは第1章でも書いた。樹木の幹の成長量は、その年だけ小さくなった。ただし、被害が一部の樹種に限定されたため、森林全体の地上部現存量の変化は現れなかった。

以上のことより、六厩調査地の一〇〇年間の履歴を推定すると、攪乱の出発点から「パイオニア樹種の時代」と「混成林の時代」まで、同じ森林で優占樹種が次々と交代していたことが考えられる。多様な樹種の存在が、二次林の成長には深く関係しているようだ。類推と推察を重ねた結果ではあるが、多くの樹種がその場所に存在すればこそ、ひとつの二次林が長期間にわたり存続できるのではないだろうか。あるいは、多様な性質を持つ樹種群が存在して樹種間の競争が終わらないことが、この六厩の二次林の実態なのかもしれない。

コラム04 *column*

荘川のヤドリギと金華山のツクバネ

ヤドリギとホストの関係

森には、他の樹木に寄生して暮らしている樹種がいる。荘川の六厩では、尾根のブナ林でヤドリギをよく見かけた。冬の落葉広葉樹林は、ヤドリギがあるせいで、まるで樹上に鳥の巣があるように見えることがある（図2—10）。ホスト樹木の枝に根を食い込ませてその養分を吸い取るが、ヤドリギ自体も緑葉を持ち光合成を行うので半寄生植物と呼ばれる。この半寄生植物が、どんな場所に多いかを調べた。尾根や谷を含むひとつの斜面（幅一七〇メートル、長さ一九〇メートル）で、林冠に達している樹木の位置と、それにヤドリギが寄生しているかどうかを双眼鏡でしらみつぶしに調べた。どうやらヤドリギは、周囲から孤立している樹木や、尾根にある木によく分布しているようだった。筆者の研究室の鍵本忠幸が調べたところ、これらは林冠からやや突出した個体で、堂々として森の

図2-10●ミズナラの木に取りついたヤドリギ
丸いボンボンのように見えるのは、すべてヤドリギである。（2008年撮影）

中に立っていることがわかった（安藤ら　二〇一六）。

しかし、ひとたびヤドリギに取りつかれると、それを食べにくるレンジャクのような鳥が集まり、実を食べその周辺で糞をする。鳥は止まり木に、樹高が高くて空に突き出た「突出木」を使うため、次から次へと突出木はヤドリギの実を含む糞の攻撃にさらされる。ヤドリギの実は食べられた後も粘りけがあり、糸をひくようにして鳥の尻尾にぶら下がり、周囲の枝や幹に貼り付く。

ヤドリギが寄生している枝の成長は低下していき、場合によってはヤドリギがついた枝から先が枯れてしまうこともある。水や栄養分を吸い取っているのだから、寄生された樹木も弱ってしまう。こうなると、優勢だった突出木は、枝張り争いで不利な状況に追い込まれ、他の高木との競争に負けて枯れていく。こうして、新たな突出木が森林にできる。ところが、次の瞬間に、これらの突出木は、またもや鳥の止まり木となる。そして、ヤドリギがつく。この輪廻は止まらない。

ツクバネの寄生

ツクバネは、金華山にこっそりと生えている。ヤドリギと同じ仲間ではあるが、樹上ではなく他の樹木の根に寄生する樹木であり、やはり緑色の葉をつける半寄生植物である。一見すると、普通の樹木のように地上に幹を伸ばしている。

ツクバネの外見的な特徴は果実の形にある。枝の先端に、苞を四つ持つ小さな花が咲き、羽根つきの時に使う羽根によく似た果実ができる（図2―11）。羽根つきという遊びは、古い歴史を持っている。室町時代の重要文化財『月次風俗図屏風』や安土桃山時代の国宝『上杉本洛中洛外図屏風』にその遊

図2-11●ツクバネの果実
正月の「羽根突き」に用いる羽根は、これを模したものだろう。よく似ている。

びの様子が描かれている。

　ツクバネは雌雄異株であるために、特有の果実を付けるのは雌株だけである。果実が落下する時は、一分間に一〇〇〇回も回転してプロペラが舞うようにゆっくりと落下する。これは、果実が飛ぶ距離を長くするためと考えられる。この果実を、正月用に塩漬けにして食べる地域がある。実際に軽く乾かせて食べると、アーモンドとごぼうを足して二で割ったような不思議な味であった。

　このツクバネは尾根地形に多く、文献によるとモミなどの樹木に寄生することが報告されている。しかし、その詳細な生態はよくわかっていない。私たちの研究室でツクバネがどんな木に寄生するのかを調べてみた。まずは地道にツクバネを掘り起こし、他の木に寄生している箇所をみつける。この箇所がどの樹木に繋がっているかがわかるまで、地面を延々と掘り進める。時には数メートル先にあるヒノキの大木に繋がることもあれば、なんと他のツクバネに繋がることもあった。ただし、栄養を奪っているかは未確認である。

　ヒノキとツブラジイ、どちらの根に寄生していることが多いかを調べたところ、若干ヒノキに選好性を持つようであった。寄生しやすい細根がヒノキに多いことに、その原因があるのではないかと考えている。この方法はあまりに労力が大きいため、根のDNAも使って寄生している木を同定した。この結果、他の文献調査や根掘りと合わせて、三〇種を超える樹木にツクバネが寄生することを確認した（加藤ら、未発表）。どうやら、ツクバネという半寄生植物は、相手を選ぶスペシャリストではなくジェネラリストに近いことがわかってきた。

3　金華山の常緑広葉樹林に埋もれた歴史の残像

歴史がどう盛り込まれているか

今度は、飛騨地方から一気に標高を下げて美濃地方の岐阜市に至る。これまで冷温帯の落葉広葉樹林について述べたのであるが、この岐阜市に分布するのは暖温帯の常緑広葉樹林である。照葉樹林と呼んだ方がなじみがあるかもしれない。照葉樹とは、暖温帯にある常緑広葉樹のことを指す。厚い表皮を持つ葉が、てらてらと日光を照り返すことからこの名が付いた。常緑広葉樹はその樹体に一年中葉を着けている。しかし、個々の葉は数年の寿命しかない。古葉と新葉が時間を重複して樹上に存在するために常緑となるのである（第1章）。

暖温帯は人間の主要な生活圏になったために、多くの場所で常緑広葉樹林は姿を消した。ところが、岐阜市にそびえる「金華山」は、山腹が堂々とした照葉樹で広く覆われている。樹木のサイズが大きいことと、優占樹種が照葉樹のツブラジイということで、この森林が原生林だという人もいる。しかし、頂上には岐阜城があり、戦国時代から確実に人手が入っていたはずである。人間による使用は近世まで続いていたかもしれない。この山のことは、私たちの研究室から見えるので常に注目していた。

一度、金華山の常緑広葉樹林の来歴を調べて、一部の人が主張するように「原生林」なのか、それとも案の定「二次林」なのか、樹木の年齢構成などを調べて確かめたいと考えていた。

この金華山は、太平洋に面する濃尾平野の北辺にあって、飛騨・美濃にまたがる中央山塊の南端に位置している。ここは、野と山の二つの世界のちょうど境界にあたる。野は山地を浸食した砂礫が河川により運ばれ堆積したものである。金華山の基岩は浸食されにくいチャートでできている。この岩石は、海に棲む放散虫が珪酸塩を作り、それが海底に堆積してできる。金華山の大元の部分は、赤道の海から二億年以上かけて日本の近海にまで運ばれ、大陸のプレートにぶつかって付加体(注11)となった。このそそり立つ山々がゆっくりと風化して、その山麓に岩砕と土砂を堆積させた場所に、現在の常緑広葉樹林が成立した。

今、金華山のそばには、紺碧の長良川が流れ、初夏になるとこの川で、宮内庁式部職の鵜匠による御料鵜飼が妖艶な松明の下で行われる。岐阜県のひとつの文化的象徴である。この金華山は、歴史に詳しい人には「稲葉山」という名称のほうが馴染み深いかもしれない。ここには古くから城郭の歴史がある。その山頂（標高三二九メートル）に立つ山城は、斎藤道三や織田信長など、錚々たる戦国武将が城主を務めた。そして、山麓にあった城下町は楽市楽座により殷賑を極めていたという。近年、石垣や城館の跡がところどころで発掘されている。のちに山城を反乱の拠点とされるのを嫌ったためか、徳川家康は、一六〇一年に岐阜城の廃城を決め、天守などを移築したそうである。現在の天守は、昭

図2-12●岐阜市にそびえる金華山
山頂の岐阜城と山麓の常緑広葉樹林。5月にツブラジイの花が山の斜面を埋める。山頂近くに、ヒノキの群落がみえる。(2007年撮影)

和になって一九五六年に再建されたものである。

金華山の常緑広葉樹林

現在、金華山の森林は自然度が高い状態にあり、その一部は「金華山アラカシ・ツブラジイ遺伝資源希少個体群保護林」に指定されている。鹿の子模様の樹肌を持つ暖温帯性のカゴノキや、この地域では分布の北限に近いモクレン科のオガタマノキとアカネ科のナガバジュズネノキ、北側斜面にはヒノキの大木が見られる。なんといっても、金華山に多い木は照葉樹のツブラジイである。その山麓では、五月にツブラジイが金色の花を一面につけ、周囲から浮き出るような壮観をなす(図2—12)。これが山名の由来になったという説もある。人によっては、花盛りのツブラジイの木が、まるで巨大なカリフラワーのように見えるそうだ。

さて、金華山の山麓に、黙山《もくざん》という場所があり、このあたりにはツブラジイ林が分布している。この黙山から尾根を一筋越えた「藤右衛門東洞」の斜面で、岐阜営林署（当時）の許可のもとに、常緑広葉樹林の調査を行うことになった。ここの温量指数は一二三・五であった。なお、「洞《ほら》」とは、美濃地方の周辺で山のくぼんだ谷部の地形もしくは集落のことを表す。

第1章で紹介した金華山の植生図（図1—14）を見ると、藤右衛門東洞—岐阜営林署の建物—山頂付近を結ぶ三角形の地域内には、ツブラジイ林が大面積で分布し、その合間にアラカシ—コナラ林・アベマキ—コナラ林・ヒノキ林の小面積の集団が、割り込むように分布している。次節で述べる方形区は、広いツブラジイ林の中にあった。

どんな樹種で構成されているか

一九八九年に、水平方向七〇メートルで斜面長一〇〇メートルの方形区を、藤右衛門東洞の一画に設けた。毎木調査の結果、ここには胸高直径一〇センチメートル以上の樹木が一二種四一九本存在し、それらの断面積合計はヘクタールあたり三九・二平方メートルであった。このツブラジイ林の現存量は、前節までに示した丹生川のシラカンバ林や荘川の混成林よりも大きいのである。

本数割合が最も高かったのはブナ科のツブラジイの八六・九％であり、断面積合計で見ると九三・四％となった。林冠の樹木は、ほとんどツブラジイで占められていた。このほかに、ブナ科のアラカシとツバキ科の常緑広葉樹のサカキとヒサカキが、落葉広葉樹のアオハダ・ホオノキ・ヤマハゼ・コシアブラ・コナラ・ウワミズザクラ・タマミズキが、低い本数密度で存在していた。

とくに興味深かったのは、高木として林冠に存在する四本のタマミズキであった。この木はモチノキ科に属するが、ミズキに似た赤い実をつけるので、この名が付いたそうである。この実は鳥にとっておいしくないのか、秋の稔りから春の直前まで木に残されていることが多い。実が乏しい時期に種子を鳥に食べてもらって運ぶ戦略なのだろう。この灰褐色の幹を持つモチノキ科の落葉広葉樹は、春の一時期、常緑広葉樹林の中で異色の存在となる。タマミズキの樹冠が葉をつけていないために、常緑の林冠にぽっかりと開いた穴ができる。そして、そこから林床に陽光が差し込む。この陽光が林床の樹木の成長に影響を与えるのではないかと思い、入射光を測る装置を使って、地面における明るさの分布を調べた。しかし、方形区の斜面が南向きではなかったことで、荘川の方形区で検出したようには（第1章1節、コラム1）、林床の陽光をうまく検出できなかったことを覚えている。

驚いたことに、ツブラジイの大木には、その根元に小さな「板根」を形成しているものがあった（図2―13）。板根とは、この写真のように樹体の基部に張り出した翼のような形の根のことをいう。この翼の基部から地下根がほぼ垂直に伸びて、樹体を支持することが知られている。こんな板根の発揮する樹体支持力はどの程度なのだろうか。板根は、強風が吹かない熱帯雨林の樹木に特有なものだと思い込んでいた。それはともかく、この板根を見て、この金華山のツブラジイが、熱帯雨林の樹木と同じ根系を持つことに興奮した。

図2-13●ツブラジイの板根
板根は熱帯樹に特有のものだと思い込んでいたが、岐阜市金華山のツブラジイにもあった。(岐阜市、2016年撮影)

ツブラジイ林の林床を歩いて、もうひとつ気づいたことがある。落ち葉の浅い積もり方や部分的にむき出しになった土壌が、南方の森林に似ているのである。熱帯雨林の林床では、高温多湿で落ち葉が速く分解するために、林床にたまる落葉量が少なくなる。実は、熱帯雨林は貧弱な土壌で覆われており、落ち葉を分解してできた養分も急速に樹木に吸収される。これと類似する現象が、ツブラジイ林にあるのだろう。この金華山の森林には、飛騨の森林とは一味違うところがある。

以上のように、方形区の毎木調査から、この常緑広葉樹林がツブラジイのほぼ純林であることがわかった。外見からすると、この森林はたしかに原生的な雰囲気を持っている。しかし、樹木群の年齢分布を調べると、この森にも意外な来歴が隠れていた。

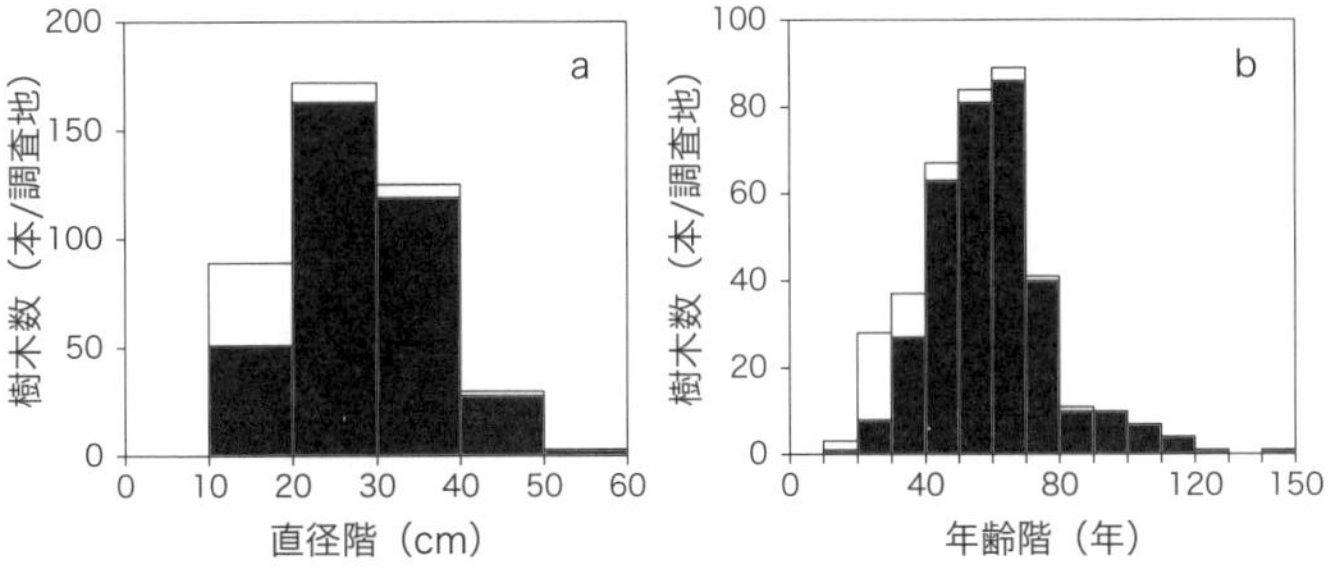

図2-14●金華山麓の常緑広葉樹林の森林構造
(a) サイズ分布としての胸高直径の分布、(b) 樹木の年齢分布。黒塗りの部分はツブラジイを示す。

ツブラジイ林の年齢分布は語る

いつものように、まずサイズ分布として胸高直径の頻度分布を見ると（図2―14ａ）、直径階二〇～三〇センチメートルで本数が一番多く、その両側で本数は少なくなった。これは、基本的に一山型の分布であると判断される。最大の直径は、ツブラジイの五六・八センチメートルであった。大径木はほとんどがツブラジイで占められ、他の樹種は主に一〇～二〇センチメートルの直径階に分布していた。つまり、この森林には、小径のツブラジイが少ないことになる。ひょっとすると、方形区が北西斜面にあるために、太陽光の入射が少なくて林床が暗いことに関係するのかもしれない。直径分布からみて、小径の樹木は数が少ない。このサイズ分布で見るかぎり、後継ぎになる「後継樹」が毎年一定の数で発生して、それらの一部が死亡してより大きな直径階に進級するような仕組みは、このツブラジイ林には存在しないようである。原生林説は少し苦しくなってきた。

さて、年齢分布である。この方形区では、営林署の許可のもとに、デジタルマイクロプローブを使って、三八三本の樹木で年輪数を調べた（図2―14b、今井勇一と松村 学の修士論文および卒業論文）。全体として見ると、年齢分布は歪んだ一山型の分布を示し、最高樹齢はツブラジイの一四八年であった。多くの樹木が四〇〜七〇年の年齢階に分布し、若齢の樹木は少なかった。これは小径のツブラジイが少ないという前述の現象に対応している。なお、ツブラジイ以外の一〇樹種は七〇年より低い樹齢階に存在しており、二〇〜四〇年生のものが多かった。

この常緑広葉樹林の年齢分布には、二つの奇妙な特徴があった。そのひとつは、七〇年から八〇年の年齢階を境にして、年齢分布が不連続を示すことである。その前後の年齢階では、樹木の本数に大きな差が見られた。これは、図1―17cの不連続―撹乱型にあたるのだろう。もうひとつの特徴は、一四〇年〜一五〇年の年齢階で樹木が尽きることである。この森林における最高樹齢一四八年という値は、ツブラジイの寿命より若いように思われる。ただし、樹木の寿命を特定することは、現実にはほとんど不可能である。たいていの場合は、ほぼ最大サイズまで育った樹木の推定年齢をもって、寿命に充てる場合が多いようだ。これは、いささかファジーな基準である。また、ツブラジイの寿命はスダジイに較べて短いと考える者もいる。

このように年齢分布が高齢側で途切れることから、調査時から一四八年前、すなわち一八五六年頃に最初の撹乱があったことを思わせる。また、調査時から七〇〜八〇年前、すなわち一九二四年から一九三四年にも年齢分布が不連続を示し、二度目の撹乱が起こった可能性がある。デジタルマイクロプローブが二〇％の測定誤差を持つことを考慮すると、最初の撹乱が明治維新の頃に、二度目の撹乱が太平洋戦争の終結期にあたると考えても良いだろう。

何がツブラジイ林に起こったか

金華山の森林で何が起こったか、考えられることを古い順に書き出していこう。戦国時代に森林がどんな状態であったかは知るすべがない。唯一の手がかりとして、山麓の伊奈波神社には、戦国後期から江戸時代初期に書かれた絵図が残っている（図２—15）。それには、松や檜と思われる樹木が山全体に描かれている。アカマツ林は、代表的な二次植生で、その広がりは人の関わりと深いつながりがある（只木 一九八四）。当時、お城や町に住む人々が、金華山の樹木をしばしば利用していた可能性は強い。薪として樹木を伐り、田畑の肥

図2-15●伊奈波神社所蔵の金華山の絵図
岐阜市金華山の登山道に設置された案内板を撮影した。（原図は伊奈波神社所蔵）

料として落ち葉などを採取していたはずである。前述の只木によると、落ち葉や枝などの採取によって土壌が貧栄養になると、広葉樹よりもアカマツの方が活性が高くなるという。もし絵図通りにアカマツ林があったとすると、その理由は人の利用がこの山で繰り返し行われていたからであろう。

ただし、この絵図がどれくらい写実的に描かれていたかはわからない。小椋（二〇一二）は、江戸後期に書かれた京都の東山の絵図などを使って、当時のマツ類の植生の分布について考えている。小椋によると、絵図には時代や画風により様々な作風があるため、その写実性を検討するには、山や谷の地形的分析を行い、同じ場所に関する他の資料と照合することが必要と述べている。絵図で当時の植生を推定する時には、このようなことに注意がいる。

さて、前節で述べたように、私たちが方形区で調べた年齢分布には、明治維新の頃に最初の不連続が生じていた。江戸時代は二百数十年間続き、その後に明治維新となる。木曽生まれの島崎藤村が書いた『夜明け前』にあるように、明治維新で新体制に入った社会は、一種の混乱期でもあった。明治維新を境にして、金華山の森林の管理体制が一変したことがわかっている。明治の改元の後、一八六九年に版籍奉還が行われ、金華山は尾張藩の所管から官林となった。そして、一八八九年に皇室典範制定により金華山は帝室御料林となった。なお、金華山が国有林に編入されたのは、ずっと後の一九四七年である。すなわち、幕末から明治維新による国家近代化の際に、金華山の森林は藩有林・官林・御料林へと所管が変わったのだ。その当時に打ったと思われる境界杭が、今も山中に残っている（図

2―16)。

この変革期に、金華山の森林がどうなっていたかについての記録(『岐阜県林業史』)もみつかった(岐阜県 一九八七)。明治初期の官林期に金華山の森林は大きな撹乱を受けた可能性があり、官林となった当初は維新後の混乱から金華山で違法な伐採が行われていたそうである。その二〇年後に金華山が御料林になると、政府の管理が強化されて森林は伐採を受けなくなった。つまり、官林時代の後に政府の管理が強化されたことにより、アカマツ林のような二次植生が衰退して、この地の潜在的な植生であるツブラジイの勢いが増した可能性が浮上する。これは、方形区で調べたツブラジイの最高樹齢と矛盾しないようである。

図2-16●金華山に残る境界杭
御料地を示す宮内省の「宮」の字が彫られており、現在も国有林の境界に使われている。(岐阜市、2021年撮影)

時代はさらに下る。この方形区では、太平洋戦争が終結した頃に二度目の年齢分布の不連続が生じていた。この時期も、終戦で社会が混乱していた時期にあたる。ツブラジイ林は再び撹乱を受けた。これは昭和時代のことなので、なんと目撃者が現われた。ある講演会で、金華山の調査結果を報告したところ、その新聞記事を見て二人の方が私にお手紙をくださった。国有林(名古屋営林支局)の元職員であったO氏は、金華山の植生調査を受け持っていた方である。お手紙には、「終戦当時、黙山のあたりで樹木の切り出しが（町の人により）行われていた」という生々しい証言があった。さらに、岐阜駅前派出所に岐阜県経済監視官補（米軍命令による警察官の増員禁止時の職名）として勤務されていたI氏は、先輩から聞いた話として、「戦後、建築資材が決定的に不足し、やむを得ない事情から金華山で木材の盗み伐りが行われていたようだ」と書いたお手紙をくださった。

いずれの証言も、戦後の混乱が金華山の樹木に及んだことを述べており、方形区で二度目の撹乱が生じたことを裏付けるものであった。たしかに、金華山で伐採した樹木を使って、岐阜駅前の通称「ハルピン街」という繊維商店街が建てられたそうだ（岐阜市 一九八一、岐阜県 二〇〇三、荻久保・根岸 二〇〇三、根岸 二〇一六）。岐阜ファッション産業連合会（旧岐阜繊維問屋町連合会）Ｗｅｂサイトにも、「戦後の焼け野原と化した国鉄岐阜駅前。そこにはいつしか北満州（中国東北部）からの引きあげ者により、古着や軍服の衣類を集めて販売するバラックが数十軒並ぶようになった。―中略―これが岐阜の既製服産業（アパレル産業）の始まりであり、戦後の岐阜の経済復興の大きな礎となった。」と記載されている（二〇二三年六月アクセス）。

以上、方形区が受けた二度の撹乱についてまとめると、明治維新と太平洋戦争後の混乱期に、この森林は少なくとも一部が伐採されたものと考えられる。金華山の樹木は、いつの時代にも周囲に住む人々にとって貴重な木材資源だったのである。ただし、これら二度の撹乱が、金華山全域の森林で同じように起こったかどうかはわからない。

図2-17●金華山の尾根にあるヒノキ林と枯死木
このヒノキ林は、目下のところ衰退の途上にあるようだ。この森林はどんな来歴を持つのだろう。(2006年頃撮影)

まるで野外の博物館

そんな歴史を頭に描きながら、ぶらりぶらりと金華山を散策するのはまことに楽しい。ここの森林には他にどんな出来事が詰まっているのだろう。そういえば、金華山で、やり残したことがある。それは、山頂付近に生えるヒノキ林の来歴を探る研究である。このヒノキ林はずいぶん立派な森林で、市内からもよく見える。前述の今井勇一によると、ヒノキの直径は概して大きく、調査した森林の平均値で四七・五センチメートル、最大個体は八四・五センチメートルもあったという。しかし、これらのヒノキ林では、最近多くの枯死木が発生し、年々、その面積が縮小している(図2—17)。原因は不明である。昔はもう少し広い面積で金華山の尾根部に分布していたのだろう。

　このヒノキ林が、原生的な森林なのか、それとも人工林なのか、それがわからない。樹木の大きさからみて、それらの年齢は数百年を超えるだろう。国有林の管理局は、このヒノキ林が天然林で、江戸時代に保育を受けた可能性もあるとしている。彼らのいう「天然林」は、人工林以外の森林を総称する用語なので、必ずしも原生林を指すわけではない。また、金華山の過去の状況から、ヒノキを育てて城郭や居館、仏閣の建材に使おうとした可能性は充分にある。この場合は、山頂付近にあったヒノキ林は人工林ということになろう。ただし真相はこれも藪の中である。誰かが本格的に調べてくれれば良いと思っている。

　街の近くにある森林は、その宿命として、様々な人間社会の要求に応えなければならない。とくに歴史の転換点で、時代の波にひどく翻弄される。山麓のツブラジイ林にしても、山頂のヒノキ林にしても、金華山が示す森林の姿はまるで歴史博物館のようであった。

4　治山工事の思わぬ置物――ドロノキ林のモザイク模様

桃源郷に入るまで

ドロノキは、深山幽谷に生えるヤナギ科の落葉高木である。「渓畔」すなわち渓流の河原で一生を終えるのだが、ずいぶん大型の樹木に成長することもある。ポプラと同じ属で、白っぽい幹と丸みを帯びた楕円形の葉を持っている。このドロノキは、どういうわけか飛騨地方でも分布に偏りがあるようである。その木材は柔らかいので建材には向かず、マッチの軸木に利用された程度なので、強い利用圧がドロノキにかかったとは思えない。このドロノキは、独特の種子散布の様式を持っている。夏の終わりになると、真っ白な綿毛を持つ芥子粒大の種子をつけ、風が吹くと吹雪のように種子がどこまでも飛んでいく。路傍が白い綿毛で埋まることもあり、その光景は見事である（図2―18）。ドロノキの繁殖には、種子が落ちた場所に何か秘密がありそうである。

こんなドロノキが広い面積で森林を作っている場所が大白川谷の一画にある（図2―19）。白山の山麓にあるこの谷は、大雨が降るととんでもない暴れ川になる。平時には、澄み切った水が流れ、その両岸には大きな樹木が急な斜面を占めている。人跡は稀で、森の緑と急流が織りなす世界である。こ

図2-18●ドロノキの綿毛のような種子
ドロノキの綿毛が親木にたわわにぶらさがっている（左）。綿毛は風に乗って空を舞い、森の中に広がって、地上に雪のように積もる（右）。よく見ると、芥子粒のように小さい種子が綿毛に覆われている。（大白川、2020 年 8 月 30 日撮影）

図2-19●大白川谷のドロノキ林
広い川原に沿って背の高いドロノキ林が分布している。（2004 年撮影）

こは森の桃源郷のような場所で、入り口の狭い谷の奥に、延々とした樹海を見る幽邃な場所である。第3章で述べるブナ原生林はさらにこの奥に位置している。岐阜県内のほかの場所で、私はドロノキをあまり見たことがない。それなのに、この大白川谷の渓畔には、どうしてこんなにドロノキが多いのだろう。これには、何か特別な事情があるに違いない。その理由を知りたくなった。

まずは、ここがどんな場所なのかを示すことにしよう。白川村に至る道筋と大白川谷に入る経路から、この桃源郷に至るまでの道中をたどる。本章2節に書いた荘川町から国道一五六号線を富山側に向かって庄川沿いに北上すると、突如として街道は山中にある巨大な湖に出会う。この御母衣湖は、昭和にできた発電用ダムの人工湖であり、湖底に旧荘川村の中心街が沈んでいる。今でも、夏の渇水で湖が干上がると、岸に田んぼの畔や建物の基礎が忽然と姿をあらわす。その湖岸には、二本の「荘川桜」が記念樹として立っている。これらは、光輪寺と照蓮寺にあった四五〇年生のエドヒガンを、苦労して谷底から湖岸まで移植したもので、その巨樹には村民の思いがこもっている。このそばを通り過ぎ、巨大なロックフィルの堤体を駆け下りると、ここはすでに白川村である。さらに開けた谷沿いに街道を進むと、左手に一軒の合掌造りの家があらわれる。これは、旧遠山家の切り妻造りの家屋であり、ブルーノ・タウトは『日本美の再発見』でこの建築物を取り上げている。ここから街道を少し進んで平瀬の町並みに入る手前で、当の大白川谷が庄川本流に左岸から合流する。

この大白川谷に入り込むと、道はいよいよ桃源郷に近づいていく。谷の入り口はまるで秘境の関門のように狭く、周囲は岩壁に挟まれた深い渓谷をなしている。ここを通りすぎると、曲がりくねった道が延々と続き、細い県道は鬱蒼とした森の斜面を進んでいく。樹木はだんだんと大きさを増し、時たま路傍に大雪崩の跡を見ることもある。さらに、急勾配の道を登っていくと、岩屋ヶ谷が大白川に合流する場所に達する。

この辺りまで来ると、河床に大きなドロノキが目に付くようになる。水の流れは青く澄み切っており、それが周囲の森の緑によく映える。まさに桃源郷に入り込んだという気持ちになる。ところが、谷川をよく見ると大きな治山ダム(注12)が頻繁に築かれており、その背後に広い河床が広がっている。ここにドロノキが集中して生えているようだ。なお、この道をさらに進むと第3章のブナ原生林に達する。

この谷には、なぜこんなにドロノキが多いのか

一般に、「白川」と称する渓流の呼称は、出水で洗われた転石が白く見えることに由来するといわれる。この大白川谷も、白山からの融雪水や集中豪雨でしばしば氾濫する。また、白山の火山活動に基づく酸性物質を含んだ河川水の水質が、この谷の呼び名に関係していることも考えられる。季節的に起こる出水に備えて、多くの治山ダムが昭和の時代に作られたのであった（図2―20）。ひょっとすると、治山ダムの存在がドロノキの多い理由に繋がるのではないか。それなら、ドロノキ林は二次林ということになるはずである。こんなアイデアが浮かんできた。

図2-20●大白川谷に設置された治山ダム

治山ダムは渓床勾配を緩やかにする。ドロノキ林と治山ダムの間に、何らかの関係があるのではないか。（調査地付近、2004年撮影）

さて、川辺の林には、出現する標高や川幅によって河畔林や渓畔林など様々なタイプがある（崎尾・鈴木 一九九七）。このうち河畔林は、標高の低い場所に出現する。渓畔林の成り立ちは、渓流水による岸辺の撹乱がきっかけになっている（崎尾 二〇〇二、崎尾 二〇一七）。ドロノキは、通常、冷温帯の渓流沿いに分布している。ドロノキの種子が発芽し定着するのは明るい平坦地に限られ、とくに川の氾濫原で砂質の多い立地を好むといわれている。強い陽性の樹種で速い成長速度を持ち高木に育つ。この種子はほとんど休眠期間を持たない。ヤナギ科の樹木の種子の休眠期間は概して非常に短いとされるが（新山 二〇〇二）、研究室で種子を蒔いたところ、数日で発芽して小さな二枚の子葉が出てきたのには驚いた。ドロノキは、丹生川のシラカンバや荘川のヌルデとよく似たパイオニア樹種としての生活史を持ち、新しくできた川原をみつけては放浪生活を送っているようだ。

大白川谷の渓畔にあるドロノキ林は、樹高が二〇メートル以上に達する成熟した森林である。しかし、よく見るとドロノキのほかに、オオバヤナギやオノエヤナギなどが同居している。渓流が出水を繰り返して新しい堆積地ができ、その都度、これらの湿性樹種が渓畔に定着した。このようなことを予想しながら、ドロノキ林の調査にとりかかった。なお、調査地付近の緩斜面には、林野庁が設定した「ドロノキ遺伝資源保存林（現、大白川ドロノキ遺伝資源希少個体群保護林）」がある。ここが、河原までドロノキを散布した源かもしれない。

どんな樹種で構成されているか

二〇〇四年、大白川谷の本流の河原に、三〇メートル幅で七〇メートルの細長い形状の方形区を作った。標高は八六〇メートルで、ここは冷温帯の下部に位置している（温量指数六八・四）。方形区は出水でできた広い堆砂地の上にあり、その下流には一九七〇年に設置された大きな治山ダムがあった。胸高直径一〇センチメートル以上の樹木について毎木調査を行ったところ、この渓畔林の断面積合計は一ヘクタールあたり四三・五平方メートルとなった。この値は久手のシラカンバ林や荘川の落葉広葉樹混成林をしのいでいる。このドロノキ林は、現存量としてみてもかなり大きいものである。ただし、ヤナギの仲間は広葉樹の中でも材比重が小さいため、重量としては少し過大評価となっているかもしれない。

樹種構成では、一一種一五五本の樹木が出現した。本数の割合にして、ヤナギ科のドロノキが四二％を、胸高断面積では九四％をも占めていた。ドロノキに混じって、同じくヤナギ科のオオバヤナギ（三八・一％）とカバノキ科のケヤマハンノキ（一二・九％）も、高い本数割合を示した。これら三樹種以外には、湿性地を好むオノエヤナギ・カツラ・サワグルミ・トチノキのほか、幹を削ると湿布薬の香りがするカバノキ科のミズメのほか、ミズナラ・ニワトコ・ウリハダカエデが存在した。これらの本数割合は、いずれも二%以下であった。

前の予想にたがわず、同じ湿地を好む樹種でもドロノキ・オオバヤナギ・ケヤマハンノキの三種は、土地の高さがわずかに異なる場所を分け合って分布する傾向があるようだ。実際に調べてみると、方形区の内部には二・五メートルの比高差があった。この比高差が優占樹種の分布に関係しており、ドロノキが高い場所（七〇平方メートル）を、オオバヤナギが低い場所（三〇平方メートル）を、ケヤマハンノキが中庸の場所（二〇平方メートル）を優占して分布していた。

ドロノキ林のサイズ分布と年齢分布

サイズ分布として樹種群の胸高直径の頻度分布を見ると（図2—21a）、森林全体では、小径木が多いL字型の分布を示した。最大直径はオオバヤナギの五四・〇センチメートルであった。これは渓畔にある割にはかなりの大木である。また、ドロノキだけを抽出しても、直径分布はL字型を示した。一方、樹高分布は、二〇〜二五メートルの樹高階で樹木数が最も多くなる一山型の分布を示した（図2—21b）。このように直径分布と樹高分布の型が異なる現象は、前述の荘川の落葉広葉樹混成林でもみたところである。ドロノキ林では、樹木群が直径よりも樹高成長にエネルギーを使っているためであ

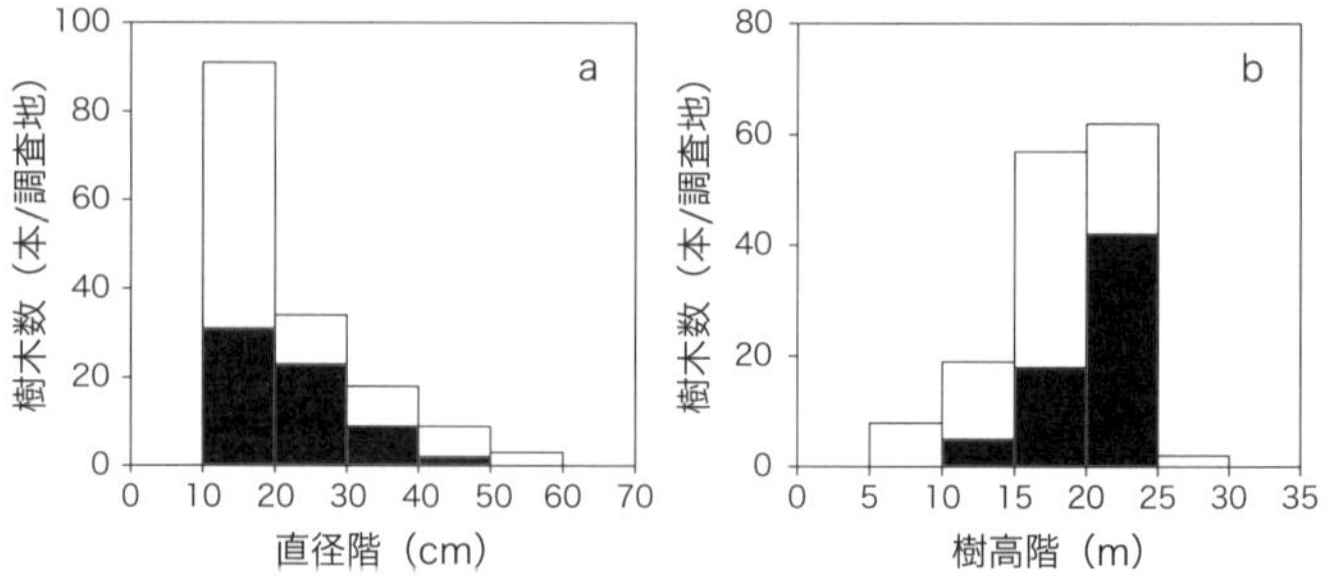

図2-21●大白川谷のドロノキ林の森林構造
（a）直径分布、（b）樹高分布。黒塗りの部分はドロノキを示す。

ろう。やはり、サイズ分布から森の来歴を調べることは難しいようだ。

したがって、ドロノキ林の来歴を求めるには年齢分布が決め手になる。筆者の研究室の近藤大介は、卒業論文でこのドロノキ林の年齢分布を調べた。その時に、前述の三樹種の生息場所が離散的であったことから、この方形区の森林が異なる来歴を持つ林分の集合体であることを実証しようとした。

ドロノキ・オオバヤナギ・ケヤマハンノキの三つの樹木集団について、折れ線グラフを使って年齢分布を比較した（図2―22）。ここではデジタルマイクロプローブを使ったので、推定年齢に二〇％程度の誤差があることに注意がいる。もちろん、機器の使用にあたって森林管理署の許可をとった。図に見るように、いずれの樹種集団も、やや不規則ながら一山型（図1―17b）に似た年齢分布であり、ピークの位置がズレていた。ドロノキ集団では、三〇～四〇年の年齢階の個体が非常に多く、高齢側にも少数の個体が混じっていた。ケヤマハンノキ集団では、二五年前に樹木数のピー

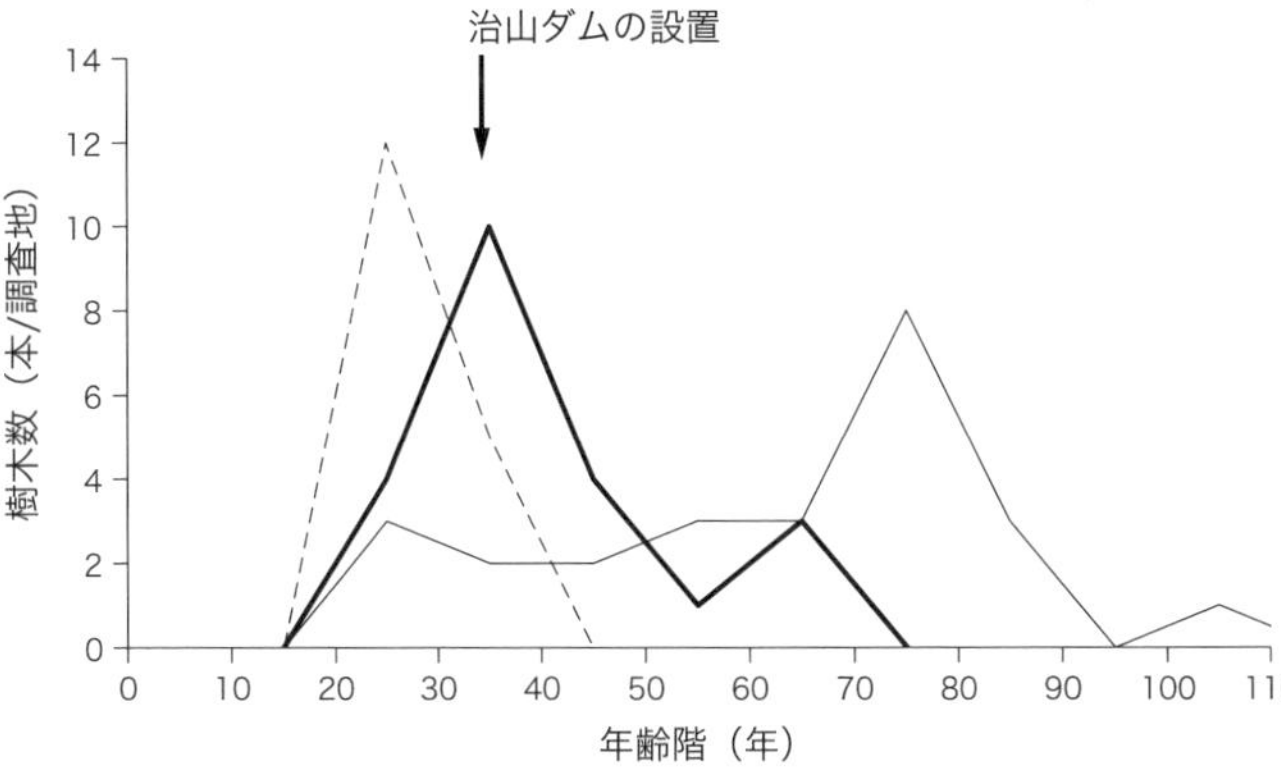

図2-22●大白川谷に設けたドロノキ林方形区を構成する3樹種の年齢分布
年齢分布から見て、三つの樹種はそれぞれ違う時期にこの場所に定着したことがわかる。ドロノキは、治山ダムができた頃に定着したようだ。太線：ドロノキ、細線：オオバヤナギ、点線：ケヤマハンノキ。矢印の年（1970年）に、方形区の下流側に治山ダムができた。

クがあり、二〇〜三〇年の年齢階の個体が非常に多かった。オオバヤナギ集団では、七〇〜八〇年の年齢階の弱いピークがあり、個体が二〇年から一〇〇年の広い年齢階に分布していた。一〇〇年を超えるような高齢の個体はきわめて少なかった。また、三樹種とも、二〇年未満の樹木数が極度に少なかった。

このように、方形区内では三つの樹木集団が、場所的にも時間的にも分離して存在することがわかった。佐藤（一九九五）は、北海道松前半島の渓畔林で、河川氾濫の規模により樹種構成が変化する現象を見ている。大白川谷の方形区では、出水の程度や時期によって堆砂の位置関係や比高が変化し、三つの樹種はこれらに反応して定着したことが考えられる。このドロノキ林の方形区が、実は、異なる来歴を持つ林分の集合体であることを裏付ける結果であった。

ドロノキが多い理由

結局、ドロノキ林の方形区で調べた年齢分布は、次のことを物語っている。ここで地面が安定したのは、下流に治山ダムができた一九七〇年の頃である。この年は、図2―22の横軸で三四年にあたる。年齢推定の誤差を考慮に入れると、まさにこの時期にドロノキの侵入がピークを示したことがわかる。このことから、大白川谷の渓畔にドロノキがとくに多い理由は、治山ダムの建設にあったと判断できる。つまり、人間は思わず原生林地帯の自然に干渉したことになる。ダムの堆砂によって、ドロノキの繁殖に好ましい立地が増えたのである。

このピークの後も、出水のたびに堆砂と掘削を繰り返し、元にあったドロノキ林の一部は破壊されたものと考えられる。方形区内に前述の比高差が生じているのはこのためであろう。そして、掘削されたやや低い場所にケヤマハンノキが新たに侵入したものと考えられる。一方、オオバヤナギは治山ダムができる以前からこの場所に生えていたようである。同様に、ドロノキの一部にも治山ダムができる以前の個体が存在した。これらは、出水時にひどい撹乱を受けなかった場所で生き残ったのかもしれない。現在の方形区の森林構造ができあがった過程は以上のようであったと推察される。

森の桃源郷にあっても、渓畔のドロノキ林だけは立派な二次林なのであった。

第3章 原生林でみつけた激動の物語

原生林は常に変わらない姿を保つとよくいわれるが、本当にそうだろうか。森林の構造を調べると、御嶽山の亜高山帯林と白山のブナ原生林にも、現在まで様々な大事件があったようである。これらの原生林に何が起こったのか探ってみよう。

1 御嶽山の亜高山帯原生林

あこがれの原生林に出会う

森林の原型を探る研究者にとって、原生林はあこがれの存在である。千古斧を入れず、森の姿は永久に変わらない――そんなイメージを原生林は持っている。とはいえ、これを確かめようとしても、実際に原生林を調べる機会はなかなか訪れるものではない。自然に対する人間の関与が歴史的に積み重なった現在では、原生林は人跡稀な場所にわずかに残るばかりである。また、たとえ原生林と思しき巨木と老木でできた森林をみつけたとしても、研究可能な条件を満たす場所は少ない。というのは、一度きりの登山とは違って、研究するには調査の許可や現場での研究基地など一定の設備が必要になるからである。もし良い機会にめぐり会ったら、原生林がイメージ通りの森林であるか、苦労をいとわず確かめなければならない。

さて、亜高山帯林は人里から遠く離れて到達困難な場所にあり、明治以前にはほとんど人手が及ばない森林であった。そのために、大部分は伐採の対象にならなかった（草下ら 一九七〇）。ところが、明治以降になると、北海道で亜寒帯林の開発が行われ、製紙業もこれを利用するようになった。本州の亜高山帯林でも、営林署等による伐採と造林が行われた。このように、亜高山帯林といえども、人間の利用を完全に免れていたわけではない。しかし、僻遠かつ寒冷の地という立地条件は、他の植生帯と比較して、原生林が残存する確率を明らかに高めている。また、近年になると、国立公園や国定公園による規制と保護が強化された。そんな状況から、私が研究を始めたおよそ四〇年前の頃でも、亜高山帯には、まだ研究できる原生林が残っている可能性が高いと考えていた。

その一九八〇年に、小見山章が岐阜大学農学部（現　応用生物科学部）に赴任した時に、山地開発研究施設の先輩から、御嶽山の亜高山帯には原生林が残っていることを教わった。山の懐が広い飛騨地方には、人手が入らない亜高山帯林が待ってくれていたのだ。身も心も奮い立ったが、赴任したばかりの新米教員は、森の来歴を調べるアイデアを持っていても、御嶽山の亜高山帯に行く手段や段取りについては何も知らなかった。

御嶽山で森林調査を行うには、いくつもの段取りが必要であった。まずは、当時の久々野および高山営林署に連絡して、現地で行うことを事細かに説明したうえで、調査許可を取らなくてはならない。幸いにして、御嶽山の亜高山帯林をすでに調べている先輩がいたので、その指導のもとにすべての段取りを進めることができた。ただ、新参者が先輩の仕事場に割り込むことになるので、申し訳ない気持になったことも事実である。

さて、岐阜県側の御嶽山は「県立自然公園」に指定されており、亜高山帯林の一部が国有林として管理されている。現在は、国立・国定公園化の検討が進められていると聞く。岐阜大学の石川達芳先生と安藤辰夫先生の協力を得て、事前の準備を済ますことができた。そして一九八〇年に、御嶽山のひとつのピーク、継子岳の飛騨側にある亜高山帯で念願の研究を始めた。

調査地は、標高二〇〇〇メートル（温量指数三一・四）前後の場所にある。ここは、濁河温泉の近くの「千間樽」にあり、「マイクロウェーブの中継タワー」と私たちが呼んでいた高い電波塔が、森の中にポツンと立つ場所であった。大樹海の真っただ中で、手付かずの亜高山帯林が山頂近くの森林限界まで続いていた。この電波塔までは、大学から自動車に乗って険しい道を一日かければ行くことができた。そして、電波塔から森林の中を歩いて三〇分ほどの距離に方形区を作ることができた。まことに、ここは願ってもない場所であった（図3―1、図3―2）。

当時でも、調査地よりずっと下の斜面では、国有林内で営林署がいわゆる魚鱗状の伐採を行っていた。保残帯に囲まれた伐採地が連続し、まるで魚の鱗のように見える場所であった。また、伐採した樹木を木材製品にする事業所も山中に二か所あった。私たちがここで調査を始めたのは、御嶽山の亜高山帯林で伐採が行われた最後の時期にあたる。この状況でも、標高二〇〇〇メートルより高いところの森林は手つかずの状態であった。ここに大規模なスキー場が造成される以前、一九八〇年代初頭における御嶽山の飛騨側斜面でのことである。

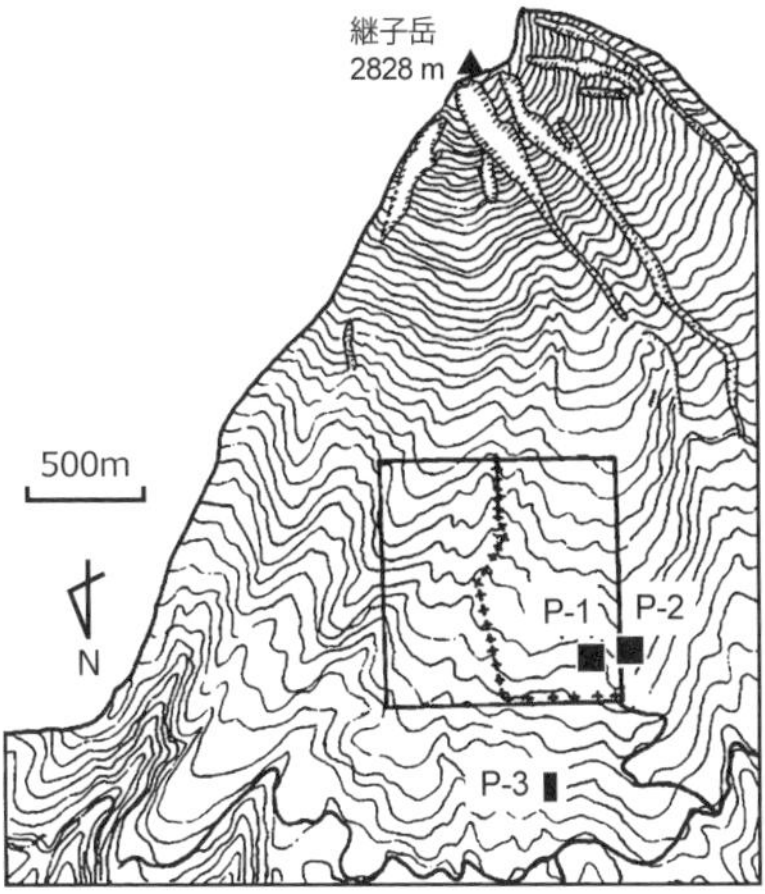

図3-1●御嶽山の継子岳北斜面に設けた調査地

この調査地の中に、二つの方形区P−1とP−2を設置した（標高2030 mおよび2060 m地点）。また、皆伐跡地に残る伐り株を使って樹木の年輪数を調べるために、方形区P−3を設置した（標高1930 m地点）。図中に大きく四角で囲ったのが、航空写真で広域におけるギャップの分布を調べた範囲で、×印を付した線は現地を踏査した経路を示す。（小見山ら　1985を改変）

図3-2●御嶽山の亜高山帯林

マイクロウェーブの中継タワー上から撮影した。写真の中央上部に大きなギャップがあり、これがP−1（トウヒ・コメツガ林）の上端にあたる。その右側のなだらかな斜面にP−2（シラベ・アオモリトドマツ林）がある。（1981年頃に撮影）

亜高山帯林

さて、御嶽山の千間樽まで細い道を自動車で登っていくと、森林の景観が冷温帯から亜高山帯のものに一変する。これまで色鮮やかな落葉広葉樹の森であったのが、高度を上げると気温が低下して、常緑針葉樹の黒い森が辺り一面を覆うようになる。樹木の大きさも巨大になる。この辺りでは、毎年、少なくとも六月頃までは根雪が残り、一〇月になると初雪が降る。結局、林床が雪に覆われていないのは年間あたりおよそ四か月間である。気象環境は実に厳しい。

本州の亜高山帯林には、マツ科モミ属のアオモリトドマツ（標準和名オオシラビソ）とシラベ（標準和名シラビソ）をはじめとして、トウヒ属のトウヒ、ツガ属のコメツガ、マツ属のチョウセンゴヨウ、およびヒノキ科のネズコ（標準和名クロベ）が分布している。このうちのシラベとアオモリトドマツでは、枝条の形態が異なり、シラベでは一枚一枚の針葉が枝の左右に向かって対に出ているのに対して、アオモリトドマツでは対の上に短い縦髪状の針葉が付随している。両種は、本州の脊梁山脈を境にして分布が少し異なり、アオモリトドマツの方が日本海側の多雪に適応した樹種と考えられている（杉田一九九〇、杉田二〇〇二）。ここ御嶽山では、両種ともに存在するが、アオモリトドマツの方が多かった。これらモミ属樹種が強い陰性を示すのに比較すると、トウヒ・コメツガ・チョウセンゴヨウなど他の樹種は比較的陽性が強い樹種とされる。

また、落葉性の針葉樹として、カラマツ属のカラマツも谷沿いに分布していた。このカラマツは、本州の亜高山帯にのみ自然分布が見られ、陽性で成長の速い樹種である。したがって、本州の冷温帯や北海道にあるカラマツ林は、すべて人間が植えた造林地である。なお、この亜高山帯林にも落葉広葉樹の高木が存在する。最も多いのがカバノキ科のダケカンバとウラジロカンバ（標準和名ネコシデ）で、ほかにバラ科のナナカマドなども大木になる。当然ながら、これらの落葉広葉樹は冬に葉をすべて落とす。

この黒い森の中で、薄暗い林床に不思議な光景を見た。何本もの太い倒木が地面に累々と横たわる場所があった。巨木が倒れた時にできた根のマウンドが盛り上がっていた（図3―3）。一方、ササ類の少ない平たい場所では、林床が緑のコケ類で覆われ、そこには、芽生えや稚樹が競い合うように立っていた（図3―4）。それらは、さながら太古の森の様相であり、昔から語られてきた秘密を見るようだ。すごい所に来たものだ。

さて、本州の亜高山帯は温量指数で四五から一五の範囲にあり、これは、岐阜市の金華山の常緑広葉樹林と較べて、半分から一〇分の一の温量に相当する。いかに寒い場所であるかがよくわかる。こんな温度条件は、本州では、山の標高が高くないと得られない。緯度によって異なるが、中部地方では本格的な亜高山帯林が見られるのは、標高が二〇〇〇メートルより高い山である。

図3-3●転石地のトウヒ・コメツガ林（P－1）
転石地の方々で、トウヒの巨木が根こそぎ倒れていた。根株の直径は4m以上に及ぶ。倒木の状態から、伊勢湾台風が来襲した時の凄まじい状況が想像できる。調査時には、ジャングルジム状態の林床が延々と続いていた。(1982年頃撮影)

図3-4●平坦地のシラベ・アオモリトドマツ林（P－2）
平坦地の林床には、多数の前生樹が生えていた。これらの稚樹の一部は、親木の後継者になるのかもしれない。ただし、林冠には小さなギャップしか存在しなかった。(1982年頃撮影)

温度の海に浮かぶ島

亜高山帯林は、いうなれば陸地を覆う温度の海に浮かぶ島のようなものである。この島にある植物は、温度の海の下をくぐって、遠く離れた別の亜高山帯には移動できない。これには思い当たる事例があった。以前に、大台ヶ原のトウヒがシカの食害で衰退するという出来事があった。この時に、誰かが御嶽山のトウヒを移植するというアイデアを出した。ところが、御嶽山と大台ヶ原では、樹木間の遺伝子流動が極めて小さいために、トウヒの遺伝的形質がかなり異なっていることがわかった（渡辺ら 一九九六）。個々の場所で独立性が高いのが、亜高山帯林の一つの特徴であろう。

また、一部の研究者は、過去に温暖な気候が続いて一部の亜高山帯が温度の海に沈んだとさえ考えている。この現象は、東北地方の一部にアオモリトドマツなど亜高山性の高木が存在しないことに端を発し、多くの研究者の注意を惹いた（四手井 一九五六、杉田 一九九〇、大森・柳町 一九九二）。たしかに、東北地方の最高峰は燧ヶ岳の二四六二メートルであり、中部地方のように三〇〇〇メートル級の山はない。大方の山が低いだけに、亜高山帯は気温の長期変化の影響をもろに受けるのかもしれない。

実は、今から七〇〇〇年から五〇〇〇年前に「ヒプシサーマル」という温暖期があった。この新生代第四期完新世には、地球の自転軸の変化と太陽の活動が長期的な気温変化をもたらしたと考えられ、日本では縄文海進が起こったことが知られている。この時期に現在のサハラ砂漠は緑に覆われていたともいわれる。長期にわたり気温が上昇すると、生育に適した標高があがり、植生帯は山の上へと移動する。そして、下部にある冷温帯が上部の亜高山帯を押し上げていく。ある時点で、山頂の気温が亜高山帯としての下限を超えると、その「島」は消滅してしまう。その後に、気温が元の状態まで低下したとしても、絶滅した亜高山帯の樹種は戻りようがない。

いわゆる「亜高山帯林欠如」の現象は、このように過去の気温変化で説明されるが（大森・柳町 一九九一）、別の説もあるようだ。それは東北地方の多雪と樹形の関係である。アオモリトドマツなど、地面に匍匐する伏条の形態をとれない樹種は、極端な多雪には堪えられないでその場から駆逐されるというのだ（四手井 一九五六、杉田 二〇〇五）。どちらの説も、起こり得るとされている。

森林動態に関するパラダイムシフト

さて、御嶽山の亜高山帯を調べ始めたちょうど一九八〇年の頃に、日本林学会（現、日本森林学会）と日本生態学会でひとつのパラダイムシフトが起こった。それは、第1章で紹介したワット（一九四七 英文）による「森林の成長サイクル仮説」に関係している。この仮説を、ウィットマー（一九七五 英文）が東南アジアの熱帯林で再確認したことが、この時期に森林の動態に新しい見方を導く発端となった。

これ以前の林学では、樹木がない場所は森林が育たない場所として、更新の議論から外されていた。私自身も、森林を調査する時に、樹木のない場所は調査地から外すものと思いこんでいた。樹木のない場所すなわち撹乱地は、森林の動態にとって意味のない場所とされていたのである。ところが、この仮説は、その撹乱地こそが森林の更新を起動する源であると考えたのである。

この「森林の成長サイクル仮説」とは、次のような森林の動態を想定している。樹木が枯死すると、森林にはギャップ（林冠ギャップ）という撹乱を受けた場所ができる（図3―5）。ギャップができて林冠に樹木がなくなると、林床に太陽光が入射して光環境が好転する。陽光を浴びた下層木が旺盛な成長を開始して、高木となりギャップを閉塞していく。長期間を経てこれらの後継樹が老齢に達すると、成熟した林冠の一部でまたもや樹木の枯死が生じる。これで、森林の成長サイクルが一巡する。

図3-5●単木が枯死してできたギャップ

コメツガの老木が立ち枯れで死亡して、一個体分のギャップができた。（1987年頃撮影）

この仮説が提案されるまで、こんな仕組みで森林が維持されようとは、なぜ誰も思い付かなかったのか今となっては不思議に思う。まさに瓢箪から駒である。これ以前の森林観は、撹乱を受けた場所は〝森林の一部ではない〟と見なされてきた。異なる発達段階の林分で一つの森林が構成されているという概念がなかったのである。地球が太陽の周りを回っていることを発見した時と同じようなパラダイムシフトが森林生態学に起きた。これは、私ばかりではなかったと思う。この仮説を、どこかの原生林で検証してみようと思った。実に、私が岐阜大学に職を得て、これから御嶽山の亜高山帯林を調べようとしていた矢先の頃であった。

小攪乱か大攪乱か

さて、森林の成長サイクル仮説のもとでも、御嶽山の亜高山帯林が変化するパターンには、大きく二通りが考えられる。一つ目は、森林で小攪乱が繰り返されるパターンである（図3―6a）。老衰等により個体レベルで林冠木の死亡が生じ、主に前生樹がその跡地で更新する。なお、前生樹とは、後で説明する林冠木の子供である。二つ目は、森林で大攪乱が稀に起こるパターンである（図3―6b）。災害等により林冠木が集団レベルで枯死し、主に侵入種がその跡地で更新する。

一つ目のパターンでは森林構造があまり変わらず、二つ目のパターンではある時にそれが一気に変わる。御嶽山で研究を始める以前には、一つ目のパターンで原生林があまり変わらない森林構造を持つものと思い込んでいた。ところが、森（二〇一〇）は、「森林生態系は、その構成・構造・機能が絶えず変動する（後略）」と述べている。私の思い込みが外れた可能性も出てきた。実際に、方形区を使ってギャップの分布と面積構成を調べた上で、御嶽山の亜高山帯林が小攪乱を繰り返しているのか、

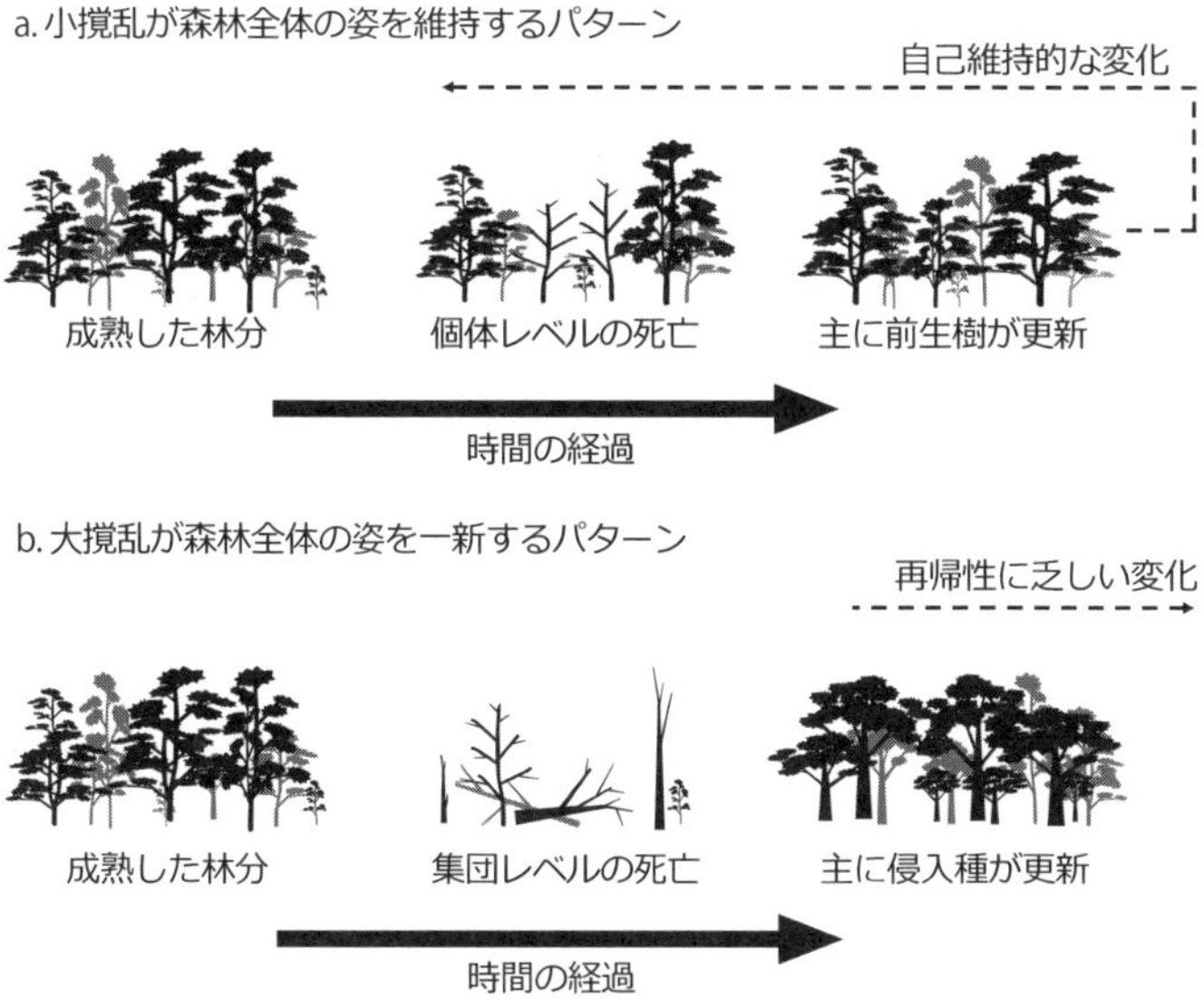

図3-6●撹乱の規模に対する森林動態のパターン
(a) 小撹乱によって森林の構成種が維持されるパターン、(b) 大撹乱によって森林の構成種が一新されるパターン。樹冠や樹形の形の違いは、樹木の種類の違いを表わす。

それとも大撹乱で一気に変わっているのか。このいずれであるかを、調査結果を吟味して確かめようと考えた。

転石地に生育するトウヒ・コメツガ林のギャップ

さて、御嶽山の調査地に話を戻そう。御嶽山は五〇〇〇年以上前に噴火し、大量の溶岩・火山灰・噴石が一帯を覆った。この時にできた基質が風雨で浸食されて、現在の山腹を形成している。そのために、山腹は急斜面に大岩がころがった転石地と緩斜面の平坦地、これら二つの組み合わせでできている。継子岳の斜面

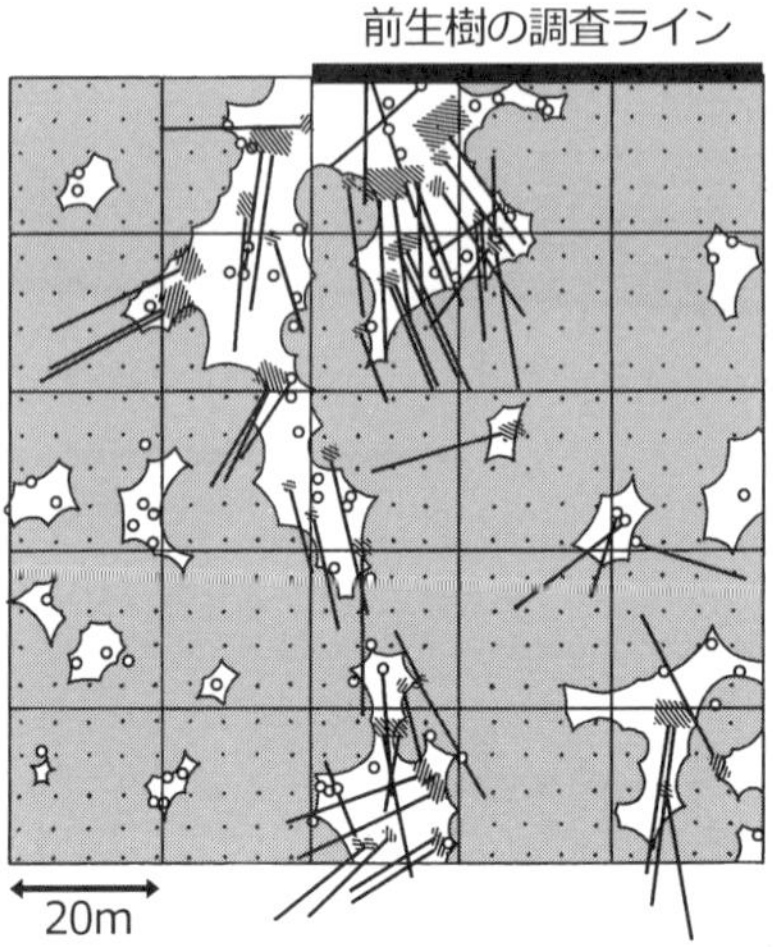

図3-7●転石地のトウヒ・コメツガ林におけるギャップの分布（P−1）
ギャップを白抜きで示した。影の部分は林冠を示す。○は枯死木、—は倒伏した幹、倒木の根元にある斜線部分は根返り跡地。（小見山ら　1981 を改変）

には転石地の方が圧倒的に多い。転石地の土壌は雨水で浸食されて薄くなっている。雨後に、大きな石の下に水が流れる音を聞くこともあった。一方、平坦地は局所的に小面積で分布し、土壌が厚く堆積している。観察すると、転石地にはトウヒ・コメツガ林、平坦地にはシラベ・アオモリトドマツ林が生育しているようだ。立地と樹木の間には、何か特別な関係があるに違いない。

まずは一九八〇年に、転石地でギャップの分布を調べた。このために、一ヘクタールの面積を持つ方形区（P—1、図3—1、図3—7）を設置した。ここはトウヒとコメツガの大木の森林であるが、その中に際立って大きなギャップをみつけたので、その半分が入るようにP—1の位置を決めた。樹木と樹冠の位置を特定するために、方形区の内部を、二〇メートル四方の小区画に分けた。上方にある常緑針葉樹の樹冠は明確に視認できるので、小区画の境を目安にして、ギャップの形状をグラフ用紙に落とした（図3—7）。なお、ほとんどのギャップには、その中心部に樹木の残骸が残っていた。図上の白丸は立ち枯れ木の位置を、太い直線は地表に横たわる倒伏幹を表している。小さなギャップは、すべてが立ち枯れ木でできていた。

さて、このP―1には合計一六個のギャップが存在し、それらの総面積は方形区全体の二三・一%をも占めていた。図に見る最大のギャップは総面積が二九四〇平方メートルあって、方形区に含まれる部分だけで一三六五平方メートルの面積があった。その一部が、P―1の中央部から斜面下に向かって広がっていた。これと繋がるようにして、別の大きなギャップが下の方にあった。また、林冠部には一三個の小さなギャップが存在し、これらの最小面積は一三・八平方メートルであった（小見山ら一九八二）。実は、この原生林は穴だらけなのだ。

これほど大きなギャップが、なぜできたのだろうか。ギャップの中を歩くと、林床に幹の直径が一メートルもあるトウヒの幹が折り重なるように横倒しになっていた。その根元には、ひっくり返った高さ二メートル以上にも及ぶ巨大な根株が残り（図3―3）、地表を根こそぎ剥ぎ取った根返り跡地ができていた。地面に倒伏した幹の長さが二〇メートルを超えるものも少なくなかった。樹木が立っていた時には、この倍の樹高があっただろう。林床は、累々と横たわる倒木で、さながらジャングルジムのような壮観であった。おそらく、これらの倒木は、強風か何かで樹木が将棋倒しになって倒れたのだろう。鬱蒼とした森林の中で、巨木が次々と倒れていく光景はすさまじかったに違いない。

どうやら、御嶽山の亜高山帯林では、樹木の死亡が二つのパターンに分かれるようだ。ひとつは風害等の原因で大規模に樹木が倒伏するパターンであり、もうひとつは個体の寿命等で立ち枯れるパターンである。この転石地P―1では、たくさんの倒伏木が将棋倒しになっていた。いったい何が起こったのか、その原因について調べることにした。

前生樹という証人

ギャップの発生時期がわかれば、森林が倒壊した原因をつかめるかもしれない。これを手がかりにして、亜高山帯林の動態の一端を知ることができるだろう。さて、発生の時期を直接的に求めるにはどんな方法があるか、すぐには浮かんでこなかった。ここが頭のひねりどころである。ある時、P―1の中を歩いていて、証人となる樹木集団が存在することにふと気が付いた。それは、目の前にたくさん生えている前生樹であった（亀田孝史の卒業論文、ママン　スティスナの修士論文）。フィールド調査の最中に、時々良いアイデアが浮かぶこともある。

前生樹とは、次代の親木になるために、前もって林床で待機している稚樹のことを指す。前生樹には、暗い林床に堪えて、ギャップができるのを数十年以上もの間じっと待つものがいる。これらは稚樹には違いないが、実は高齢の樹木である。筆者らが昔調べた御嶽山のシラベ・アオモリトドマツ・トウヒ・コメツガは、種子の生産に三年程度の周期性を持ち、豊作の翌年に発芽して前生樹群を作ることがわかっていた（市河・小見山　一九八八）。死亡と発生を繰り返し、前生樹は林床での密度をほぼ一定に保っており、中には、成長を抑えて一〇〇年間も林床で待機する前生樹さえいるのだ。そして、頭上の親木が死ぬと、林床の光環境が好転して、待機していた前生樹の成長は急に旺盛になる。その後、前生樹は上方に向かって伸び始め、樹冠の形も開いた傘型から先の鋭い円錐型に変わる（図3―8）。

ここで、はたと思い付いた。ギャップの発生時期を検出するには、この性質を利用すれば良いのだ。すなわち、P―1に分布する前生樹の成長量の時間変化を求めることができれば、ギャップの発生年がわかるはずである。後に、北日本・八幡平の亜高山帯林で、梶本（二〇〇二）は私たちのと同様の方法で、アオモリトドマツの稚幼樹の成長量の変化から雪崩の発生時期を求めている。

図3-8●P－1のギャップに生育するシラベの前生樹
幹につく輪生枝の間隔は、1年間の幹伸長量に相当する。下部の輪生枝が枯れると幹に枝痕が残る。これらを遡っていくと、過去に伸長成長量が急に増加する時期があった。この性質を利用すると、ギャップの発生時期が推定できる。（1987年頃撮影）

しかし、年輪を調べるためには、当然ながら幹を伐らねばならない。これでは前生樹群を破壊してしまう。また、前生樹の幹の成長は極めて遅く、そのために偽年輪の形成や年輪の欠如がしばしば起こる。

悩んだ挙句、年輪ではなく幹に残る芽の痕を追跡することで、発生年を特定する方法を思いついた。

モミ属のシラベやアオモリトドマツを観察すると、毎年、頂芽のまわりに複数の側芽が付いて、翌春にそれらが主軸と輪生枝に成長するのがわかる（図3―8）。この規則性を利用して頂芽の痕や輪生枝の位置を追跡すれば、幹のどの部分がいつできたかがわかり、過去の伸長量を推定することができるのだ（小見山 一九八七）。こんな性質を明瞭に示すアオモリトドマツとシラベの前生樹が各所に存在したために、それが可能になったともいえる。これで、ギャップの発生年を推定する方法ができた。

伊勢湾台風

この方法で、一九八〇年に調べた結果は実に驚くべきものであった。前生樹の伸長過程を調べるために、例の大きなギャップを横切る調査ラインをP―1に作った（図3―7）。このライン上で、林内とギャップの間には日射量に一〇〇倍近い差があった。それを確認した後に、三三本のモミ属前生樹について、前述の方法で幹の伸長過程を調べた（小見山・大西 一九八二）。図3―9に示したのは、その代表的七例である。

前生樹のうち、林内で生育するものは、一年あたりの幹の伸長量が常に五センチメートル以下の小さい値であった（図3―9a）。個体によって幾分の差は認められたが、林内の前生樹は、暗いために小さな伸長量を維持するのがやっとのようであった。一方、ギャップ内に生育する前生樹は、幹の伸長量がある年を境にして急に増加していた（図3―9b）。この年こそが林床の光環境が好転した時にあたり、その場所でギャップが発生した年になると考えられる。なお、図に示さなかった他のサンプル個体も、同様の伸長パターンを示した。

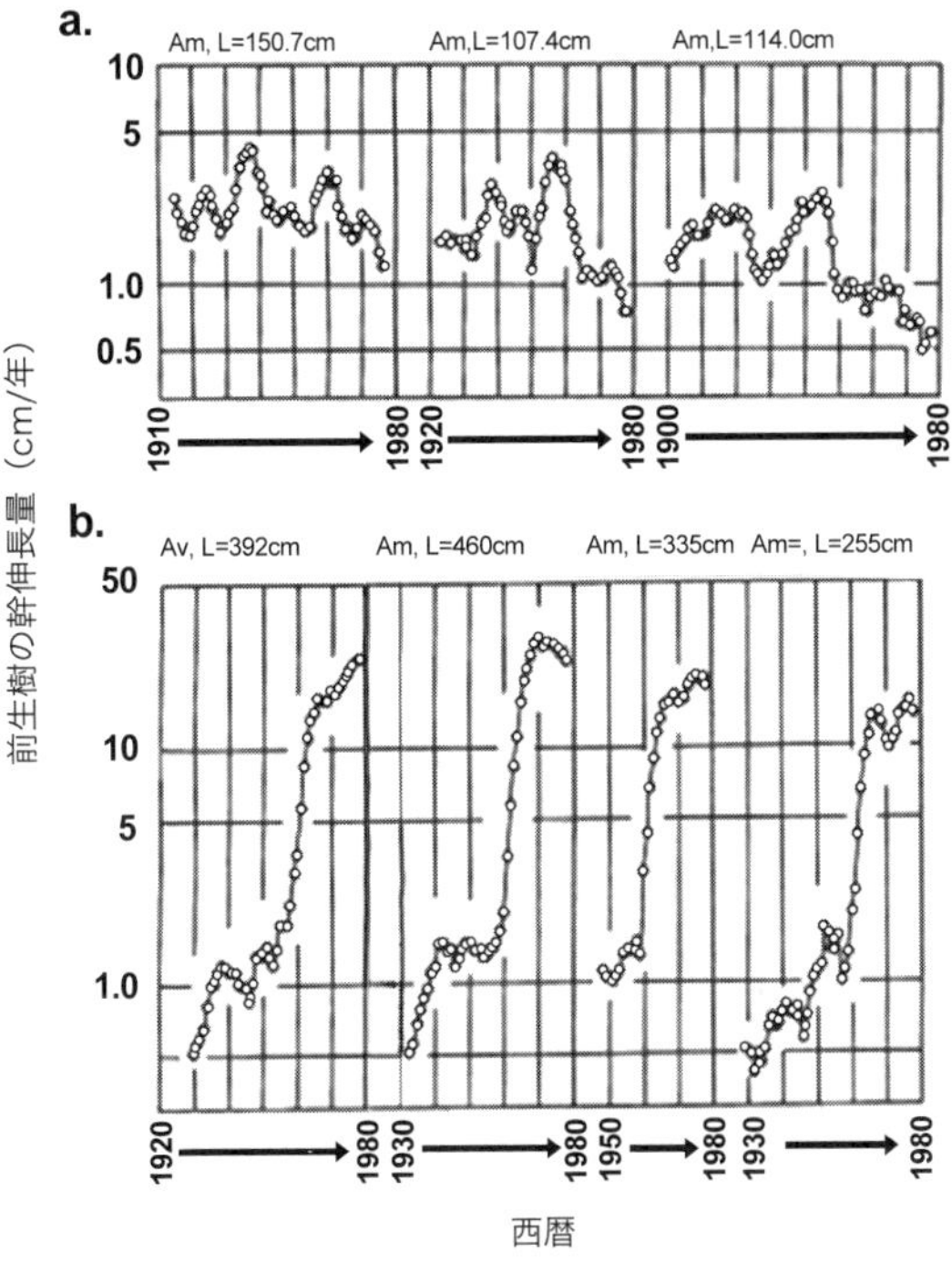

図3-9●モミ属の前生樹の伸長過程
(a) 林内の前生樹3本。いずれも、幹の年伸長量は小刻みに変動していた。
(b) ギャップ内の前生樹4本。いずれも、年幹伸長量がある年を境にして大きく変動していた。
Am：アオモリトドマツ、Av：シラベ、L：幹の長さ。（大西勝の昭和55年度卒業論文、および小見山・大西　1981を改変）

面白いことに、ギャップ内のサンプル個体では、幹の伸長量が急増した年がすべて一九五九年の頃であった。この一九五九年という年は、伊勢湾台風が御嶽山を襲った年に当たる。この台風は、九月二六日に潮岬に上陸し、紀伊半島から東海地方に甚大な被害を与えた。東海地方の森林、とくに木曽川の流域では、大量に発生した倒木や流木の後始末が大変であったそうだ。

なお、強い台風が森林に風害をもたらした例として、この五年前の一九五四年に来襲した洞爺丸台風により、北海道のエゾマツ・トドマツ林が大規模になぎ倒されたという記録がある（玉手ら 一九七七）。また、冷温帯ではあるが、九州のモミ・ツガ林には台風で発生したギャップの痕跡が存在するそうである（久保田 二〇〇六 英文）。まさしく台風は、日本の多くの森林に大きな影響を与えている。

以上のように、P—1にある大面積のギャップは、伊勢湾台風の強風でできたものと考えられる。転石地に大面積のギャップが多い理由は、浅い根しか持たないトウヒやコメツガが強風に耐えられず、複数個体が同時に倒伏したためであろう。斜面に大岩が連なる転石地では、このような樹木の死亡が起こりやすい。おそらく、数百年に一回の大災害を受けるたびに、森林が更新するのであろう。これをつきとめた時に、この場所が伊勢湾台風の強風に遭い、そこにあった巨木群が次々と音を立てて倒れ去るスペクタクルが脳内をよぎり、いたく興奮したことを覚えている。ところが、すぐ隣にある平坦地のシラベ・アオモリトドマツ林には、これとは違う光景が広がっていた。

平坦地に生育するシラベ・アオモリトドマツ林のギャップ

今度は、平坦地のシラベ・アオモリトドマツ林に、一ヘクタールの方形区（P―2、図3―1、図3―10）を作って、ギャップの分布を調べた。このP―2には三三個のギャップが存在し、その総面積は方形区全体の一三・六％を占めていた（小見山ら 一九八二）。ここには、面積三・六から一一四平方メートルの小さなギャップが分布しており、その内部には必ず立ち枯れ木が残っていた。強風等で倒伏して枯死した樹木はみかけなかった。

平坦地では、ギャップ率が低いかわりに、小面積のギャップが多数存在することがわかった。近傍にある前述の転石地P―1と比較すれば一目瞭然だが、P―2では撹乱の規模がまったく異なっていた。また、立ち枯れ木が多いという点で、樹木の死亡要因も異なっていた。

このP―2でも、前と同じ方法で前生樹の伸長過程からギャップの発生時期を求めた。この場所のギャップは面積が小さいために、その下での日射量はP―1の場合ほどは増えない。統計の手法を使い、前生樹の伸長量が林内での上限値を有意に超えた年を、ギャップの発生年とした。これは機械的な方法なので、推定結果には誤差が含まれることを断っておく。この研究を、筆者の研究室の田中　靖が卒業論文で行った（学会未発表）。

この方法で求めた発生年をギャップごとに記入した（図3―10）。最も古いギャップは一九一一年に、

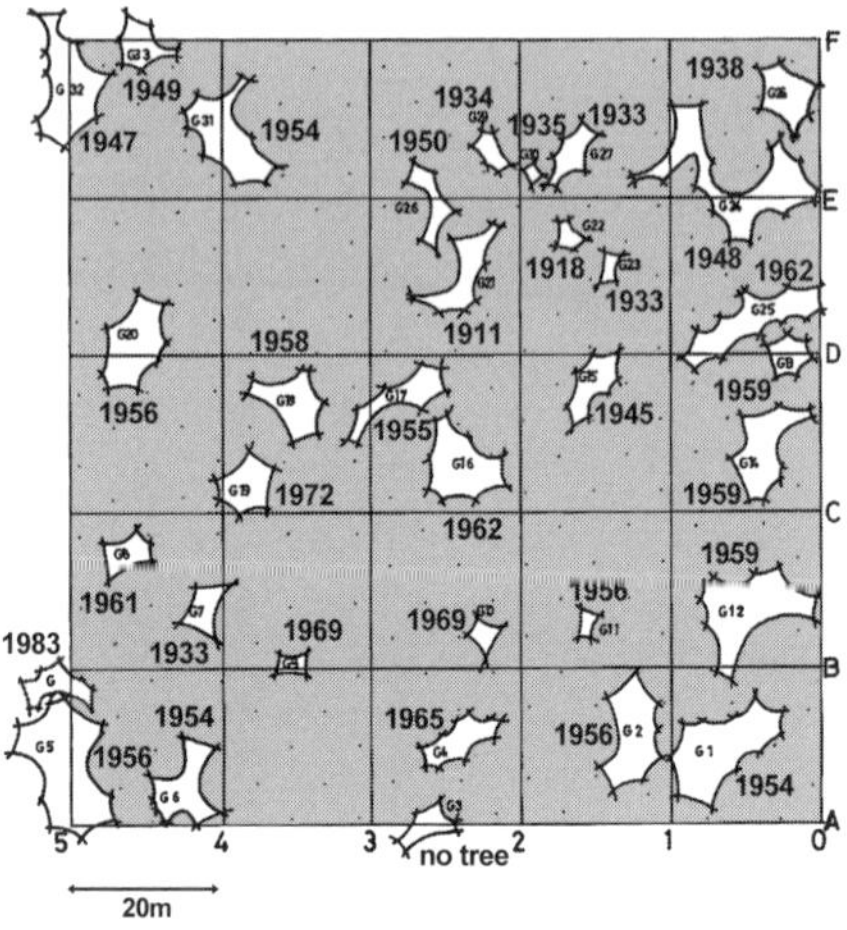

図3-10●平坦地のシラベ・アオモリトドマツ林における ギャップの分布（P−2）
ギャップを白抜きで示した。影の部分は林冠を示す。図中の数字はギャップ発生年の推定値を示す。（田中　靖の昭和58年度卒業論文と小見山ら　1981を改変）

最も新しいものは調査年の一九八三年に発生していた。過去七二年分のギャップが、P—2に集積していたことになる。一九五〇年代に発生したギャップが一三個を占めていて最も多かった。この年代以外では、ギャップの発生数は数個ずつであった。図に見る限り、距離が近いギャップどうしで発生時期が類似する傾向があった。P—2の斜面上部は、一九四〇年代前後に発生した古いギャップ群が占め、その斜面下部は、一九六〇年前後に発生したやや新しいギャップ群が占めていた。これらの一部は、例の伊勢湾台風で発生した可能性がある。

転石地と平坦地、森林動態の違い

ここまでの結果を、一旦まとめることにしよう。まず、御嶽山の亜高山帯林では、転石地と平坦地で森林の優占樹種が異なっていた。転石地にはトウヒ・コメツガ林が、平坦地にはシラベ・アオモリトドマツ林が成立していた。二つの森林は、一体どのような理由で棲み分けが決まるのだろう。東北地方でも、岩礫の多い尾根や急斜面でアオモリトドマツは劣勢となり、コメツガが優勢となるという（杉田 二〇〇五）。そうだとすると、平坦地の深い土壌はシラベ・アオモリトドマツの生育にとって好適で、転石地の浅い土壌はトウヒ・コメツガの生育に好適ということになる。

ところが、これらの樹種はすべて浅根であるから、根系が樹体を支持する力に大差はないように思われる。ただし、地形と地質の違いが、樹体の支持力に影響することはあるだろう。また、樹種の耐陰性と森林動態が結びついて両者の違いが生まれることも考えられる。とくに、比較的に陽性の樹種であるトウヒやコメツガが、転石がごろごろとあり大きな撹乱を受けた場所に集中分布したのかもしれない。つぎに、これらの可能性を探るために森林の構造と動態の違いを調べることにしよう。

まず、胸高直径のサイズ分布を見ると（図3―11）、P―1では小径側に歪んだ一山型に近い分布を示すのに対して、P―2では典型的なL字型の分布を示した。一般に、トウヒとコメツガは陽性で、シラベとアオモリトドマツは陰性な樹種であるとされている。危険を承知でサイズ分布から来歴を判断すると、転石地のトウヒ・コメツガ林は一斉林的で、平坦地のシラベ・アオモリトドマツ林は持続的と思しき森林であった。残念なことに、P―1とP―2では樹木が太すぎて成長錘を使うことができなかったので、森林の年齢分布については情報が得られなかった（伐採跡地P―3のデータを後に示す）。

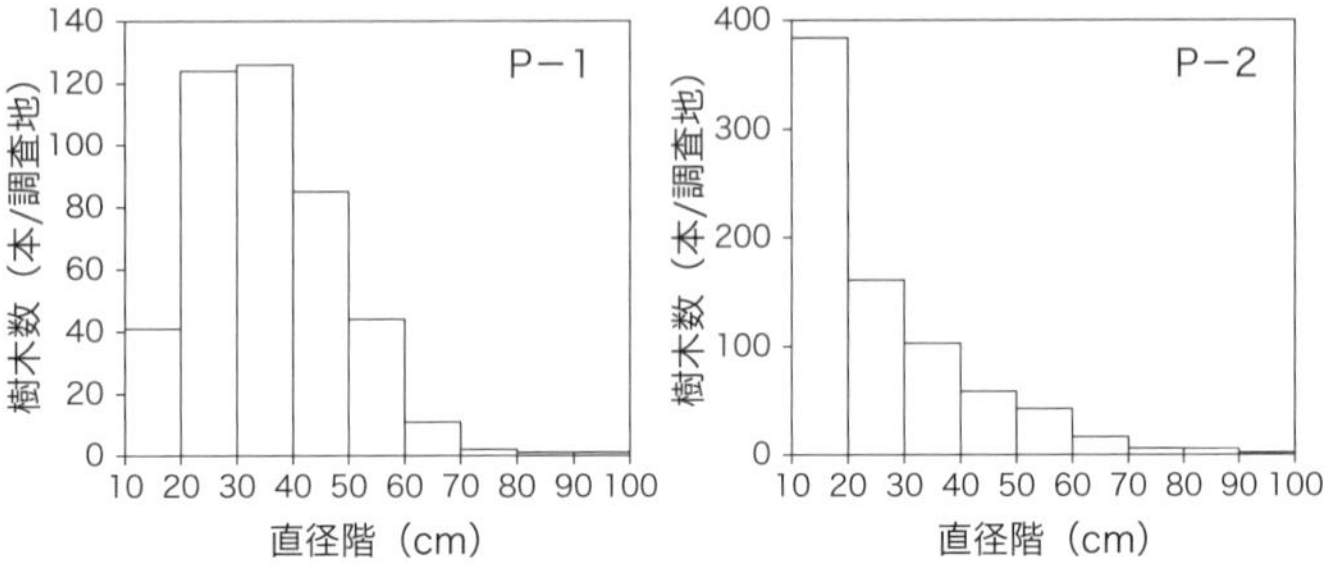

図3-11●御嶽山の方形区で調べた直径分布
P−1は転石地のトウヒ・コメツガ林、P−2は平坦地のシラベ・アオモリトドマツ林。

森林の構造に対応して、転石地のトウヒ・コメツガ林には伊勢湾台風の来襲で発生した大面積のギャップが存在した。一方、平坦地のシラベ・アオモリトドマツ林は、古いものから新しいものまで、多くの小面積のギャップが存在した。

以上のことを総合すると、転石地のトウヒ・コメツガ林は、台風による大撹乱の影響を強く受けており、ある時期に森林が一気に更新したことが考えられる。一方、平坦地のシラベ・アオモリトドマツ林では、個体の老衰等による小撹乱が数多く生じており、森林が部分的に更新し続けたことが考えられる。とにかく、撹乱の態様が二つの場所でまったく異なっていたのである。山中ら（一九九四）は、南アルプスのシラベ・アオモリトドマツ林を調べ、この森林では小規模の撹乱を繰り返して維持されるとしている。これは、P—2で求めた撹乱のパターンと同じである。

さて、前に示した森林動態の模式図3—6にしたがうと、トウヒ・コメツガ林の動態はパターンbとなり、シラベ・アオモリトドマツ林のそれはパターンaに近い。近いと書いたのは、高い林冠に空いた小さなギャップから漏れる光が、はたして、高木に育つまで前生樹の成長を促進し続けるか、という点で疑問を持ったためである。前述のように、このパターン分けは、あくまでもギャップの規模と分布を基準にして行ったものである。それにしても、平坦地と転石地では、森林の構造そのものが大きく異なっていることが注目される。

もっと広域のことが知りたい

前述の結果は、いわば森林のごく一部でわかったことである。前述の結果だけでは、御嶽山の亜高山帯林が受ける撹乱の全体像にはまだ遠い。もし、ギャップの規模や分布をもっと広域で調べることができれば、さらに撹乱の全体像に近づけるかもしれない。御嶽山の継子岳北斜面は、数平方キロメートル以上に及ぶ面積を持っているのだから。この亜高山帯林を俯瞰するような空間情報が欲しくなった。広い範囲では、ギャップの規模と分布がどのようになっているのだろう。

その突破口を開いてくれたのが筆者の研究室の田口　剛であった。彼は、卒業研究で、航空写真を使って調査域を一平方キロメートルにまで拡大することに挑戦した（田口　一九八四）。航空写真を使用すれば、画像に写る広い範囲でギャップの規模や分布を調べることができる。しかも、撮影年度が異なる写真を入手すれば、同じ場所でギャップの変化を求めることもできるだろう。御嶽山には、一九五九年から一九七九年まで、一〇年おきに継子岳を撮影した航空写真が市販されていた。一九四七年に米軍が撮影した航空写真もあるにはあったが、画像が粗くて使えなかった。衛星写真やデジタル技術（菅沼ら 二〇〇六）が、まだ得られなかった時代である。

この航空写真には利点だけでなく弱点もある。まず、航空写真では個々の樹種を正確に判読するのが難しい。一九八四年に、数名の学生を連れて図3―1に示した踏査経路で樹種の分布を調べたが、あまりに森が深くて歩くことすらままならず、疲労困憊して起点に帰りつくだけに終わった。地上を実際に踏査して植生の状態を調べる「グラウンド・トゥルース」の試みは、残念ながらあまり成功しなかった。もうひとつ、航空写真は歪みを持つという弱点がある。レンズを通すために画像が歪み、被写体が正確な面積を示さなくなるのである。このために、画像面積を実面積に補正する必要があった。この画像の歪みは、斜面の傾斜度と写真主点から、各地点までの距離を使って取り除くことができる。こちらは、田口　剛が長い時間をかけて四〇〇あまりのギャップの面積を修正した。

さて、航空写真で見ると、継子岳の北斜面の亜高山帯林は、まさしくギャップの山であった（図3―12）。一九七九年撮影の航空写真を調べたところ、一平方キロメートルの面積に四〇三個のギャップがあり、その最大面積は四四七一平方メートル、最小面積は一一平方メートルであった。ギャップの面積率は一一・四%となった。このうち、一〇〇〇平方メートルを超える大きなギャップが二三個も含まれていた。しかし、数でいうと三〇〇平方メートル以下のギャップが大半であり、とくに一〇〇平

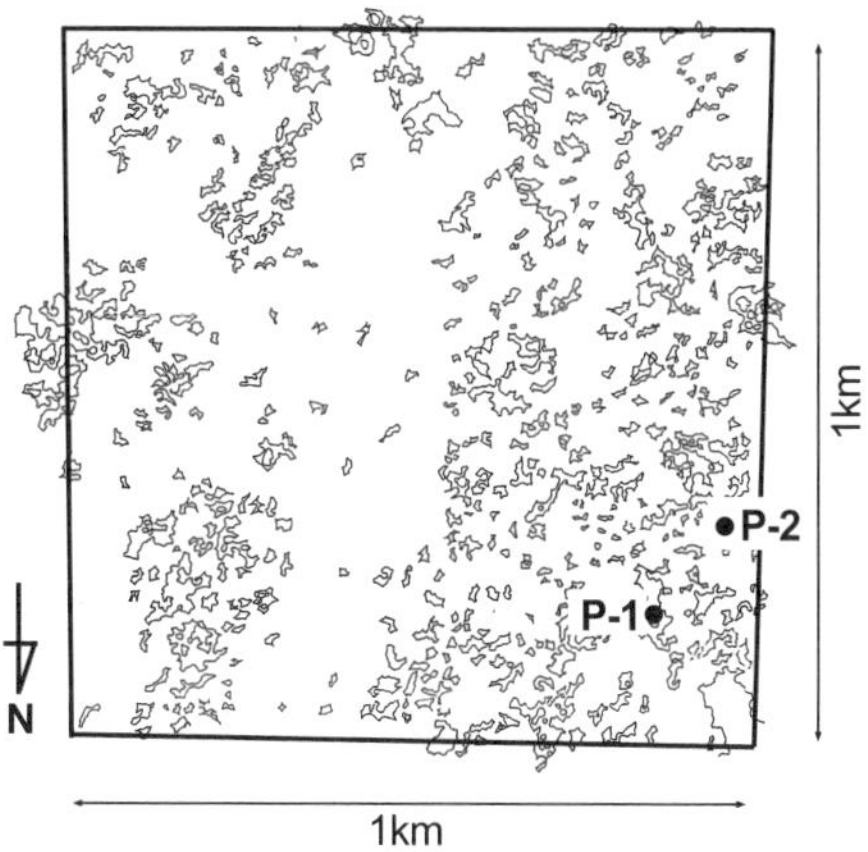

図3-12●1979年撮影の航空写真から判読した広域におけるギャップの分布

おおよそ一平方キロメートルの調査域には、白線で囲った実に多数のギャップが存在していた。参考のためにP−1とP−2の位置を記入した。（田口 1984を改変）

方メートル以下の小さなギャップが多かった（田口 一九八四）。

　この調査域の中央を南北に貫く緩やかな谷があったのだが、なぜかこの部分ではギャップの密度が著しく低かった。また、大きなギャップが集中して分布する場所が何カ所もあり、小さなギャップがそれ以外の場所を埋めるように分布していた。このように、一平方キロメートルの調査域は、転石地の大面積ギャップを思わせる部分とそれを囲む小面積のギャップ群からできていた。つまり、個体の枯死による小攪乱に加えて、個体が一斉に死亡してできた大攪乱の跡がいくつも存在することになる。

　航空写真を使うと、ギャップの年次変動がわかる。同じ一平方キロメートルの調査域で、一九五九年と一九七九年撮影の航空写真を比較したところ、全体のギャップ率はこの二〇年間で一三・五％から一一・四％に減少していた。これは、新しく発生したギャップの面積に較べて、元からあったギャップの面積の縮小の方が大きいことを意味している。実測すると、一九五九年からの一〇年間では、新規発生が一・七ヘクタールであるのに対して、面積縮小は二・〇ヘクタールであった。一九六九年からの一〇年間では、新規発生一・一ヘクタールに対して、面積縮小は三・二ヘクタールであった。航空写真で調べた二〇年間は、ギャップ率がわずかに縮小する時期にあたっていた。

余談ながら、前述のウィットマーは、森林のギャップ率が毎年一定という仮定を与えると、そのギャップ率と一個のギャップが閉塞する年数により、森林の平均回転年数が計算できるとしている。かりに御嶽山の航空写真判読からギャップ率を一一・四%とし、ギャップの閉塞時間をP—2における最古のギャップ年齢七二年とすると、一平方キロメートルの方形区における常緑針葉樹林の平均回転年数は六三二年になった。同じ計算をP—1と2それぞれで行うと、前者のトウヒ・コメツガ林では三一二年（ギャップ率二三・一%）、後者のシラベ・アオモリトドマツ林では五二九年（ギャップ率一三・六%）となった。もっとも、これだけの長期間にギャップ率が一定を保つという保証はどこにもない。現に、ギャップ率は前述のように時間とともに減少していた。これらの年数は数字の遊びに近い代物ではあるが、御嶽山の亜高山帯林が実にゆっくりと動いていることを表している。

伐採跡地で調べた樹木の年齢分布

森の来歴を探るには、やはり、樹木群の年齢分布が必要である。ところが、前述のように、P—1

図3-13●柳蘭峠付近でみつけた伐採跡調査地（P−3）
この写真は、チャオ御岳スキー場が作られた後で撮影した。中央にある立木の背面のゲレンデあたりにP−3があった。写真の右端中央にマイクロウェーブの中継タワーが小さく見える。（2004年撮影）

とP―2方形区では樹木が大きすぎて成長錘などは歯が立たなかった。例の荘川試験林でやったように、皆伐区を自分で作ることもできない。どうしたものかと考えていたところ、一九八二年頃に、たまたま通りかかった「柳蘭峠」の近くに、新しい伐採地をみつけた（図3―13、伐採跡地P―3の位置は図3―1参照）。ここには、真新しい伐り株が残っていた。この時期、国有林では亜高山帯林の伐採をほぼ終えていたので、これを逃すと年齢分布を調べる機会は二度と来ないだろう。さっそく、営林署に調査許可を申請したところ快く受け入れられた。

その伐採跡地は、面積が八ヘクタールあって、前と同じ継子岳の北東斜面の標高一九三〇メートルの地点にあり、方形区P―1とP

―2から斜面上の距離で六〇〇メートルほど下った位置にあった。例のマイクロウェーブの中継基地も、樹木越しにここから見えた。転石が多く、その平均傾斜は一〇度であった。ここに、幅四〇メートルで斜面の上下に長さ一〇〇メートルのP―3方形区を設けた。一九八二年から一九八三年にかけて、研究室の学生を引き連れて、ここで伐り株の年輪調査を行った（早川敬純の卒業論文、小見山ら一九八六）。

P―3には五三六個の伐り株があり、それぞれの位置を求めたうえで、伐り株に残る樹皮から樹種を判定し、伐り株の直径を測定した。その後に、伐採面を彫刻刀で綺麗にして、ルーペを使って伐採面で年輪数を数えた。なお、伐採面より低い幹の部分には、林床で被圧されていた時代の年齢が詰まっている。この被圧部分の年数を推定するのは困難で、いたし方なくこれを無視した。このため、伐り株から推定した樹木の年齢は、実際の年齢よりその分だけ小さいことを断っておく。

伐り株の樹皮から判断して、伐採前の森林では、ネズコとコメツガが優占していたことがわかった（ネズコ・コメツガ林）。これらは、モミ属よりも陽性が強い樹種である。この二種に加えて、アオモリトドマツ・シラベ・トウヒ・チョウセンゴヨウ、落葉広葉樹のダケカンバ・ウラジロカンバ・ナナカマドが分布していた。伐り株の直径から推定した胸高直径の最大値はコメツガの九七・九センチメートルと大きかった。この森林の胸高断面積合計はヘクタールあたり九二・八平方センチメートルに達し、御嶽山に設けた三つの方形区の中でも大きな森林であることがわかった。この伐採跡地は、標高がやや低いためか、前述のＰ―１とＰ―２に較べて構成樹種が少し異なっていた。

さて、伐り株から求めた樹木の年齢分布は綺麗な一山型であった（図３―14）。これは、広い範囲の年齢階にわたっているものの一斉林が示す年齢分布型（図１―17ｂ）に近い。とくに樹齢二〇〇年から三〇〇年の階級で樹木の本数が最も多く、その後の年齢階でそれが少なくなっていた。なお、図に見るように、この森林では年齢分布が高齢側に長く伸びており、最高樹齢はコメツガの五六二年であった。他に、ネズコの四六〇年やチョウセンゴヨウの四六四年など高齢の樹木が存在した。一山型の年齢分布から判断して、方形区は過去に大きな撹乱を受けた可能性がある。すなわち、伐採前の森林は、二〇〇年から三〇〇年前の撹乱の後に一気にできた森林であった可能性が考えられる。

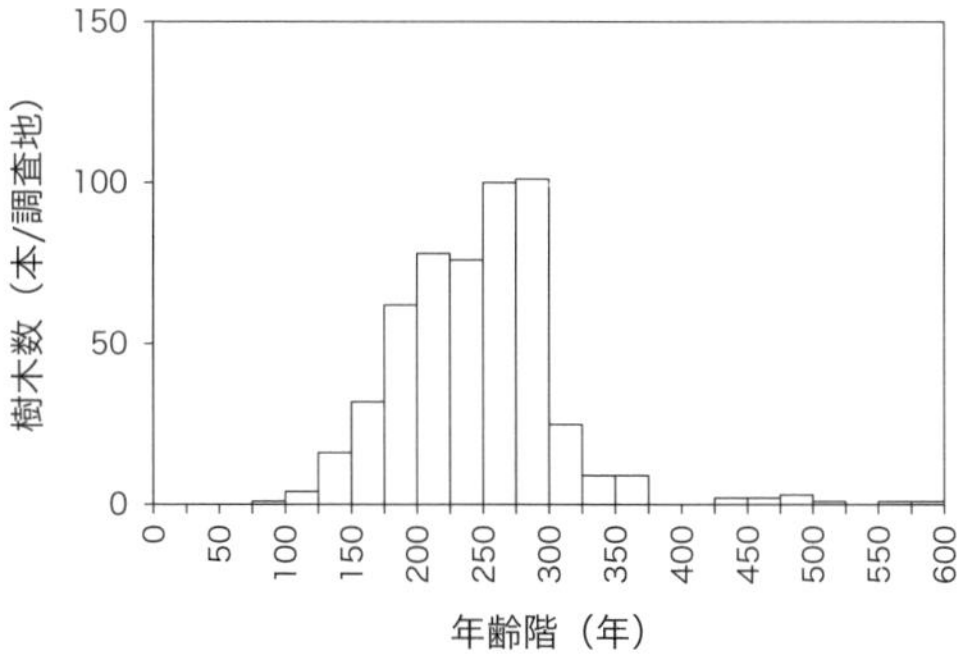

図3-14●御嶽山の皆伐跡地で調べた伐り株の年齢分布
斜面上で40m×100mの大きさの方形区P−3で、そこにあった536個の伐り株から年輪数を読み取った。図では一山型の分布が読み取れる。（早川敬純の昭和58年度卒業論文）

原生林のモザイクは語る――江戸時代にあったはずの撹乱

この伐採跡地では、どんな種類の撹乱が起こったのだろう。これには、樹木群の空間分布がヒントになるはずである。そこで、P―3を五メートル四方の一六〇区画に分け、それぞれ樹木群の平均年齢を計算した。その結果を五〇年ごとの年齢階に分けて、斜面上の位置に示したのが図3―15である。なお、九つの区画には伐り株が存在しなかった。

図のように、年齢階二〇〇年から二四九年の区画がP―3の大半の場所を覆い、その中央部はほとんどがこの年齢階の区画で占有されていた。その総数は八四で全体の五三%を占めた。他の年齢階を見ると、二五〇年以上の区画は上部と下部の斜面に分かれ、年齢幅一五〇年から一九九年の区画もこれと似た空間分布を示した。最若齢の一〇〇年から一四九年の区画は、斜面下部に四カ所しか存在しなかった。

この空間分布から、当時の大撹乱の様子を推察することができる。P―3では、おおよそ一七三三年から一七八二年頃に、斜面中央部を中心にして、二一二〇平方メートルに達する規模で撹乱が起こった。ただし、前述のように被圧された期間が未測定なので、実際の年代はそれよりやや古い時代のことになる。この時は、あたり一面の樹木がなぎ倒されるような大撹乱であったであろう。この頃の御嶽山は休火山であった。江戸時代中期から後期の始めに御嶽山は活動を休止していたので、火山噴火

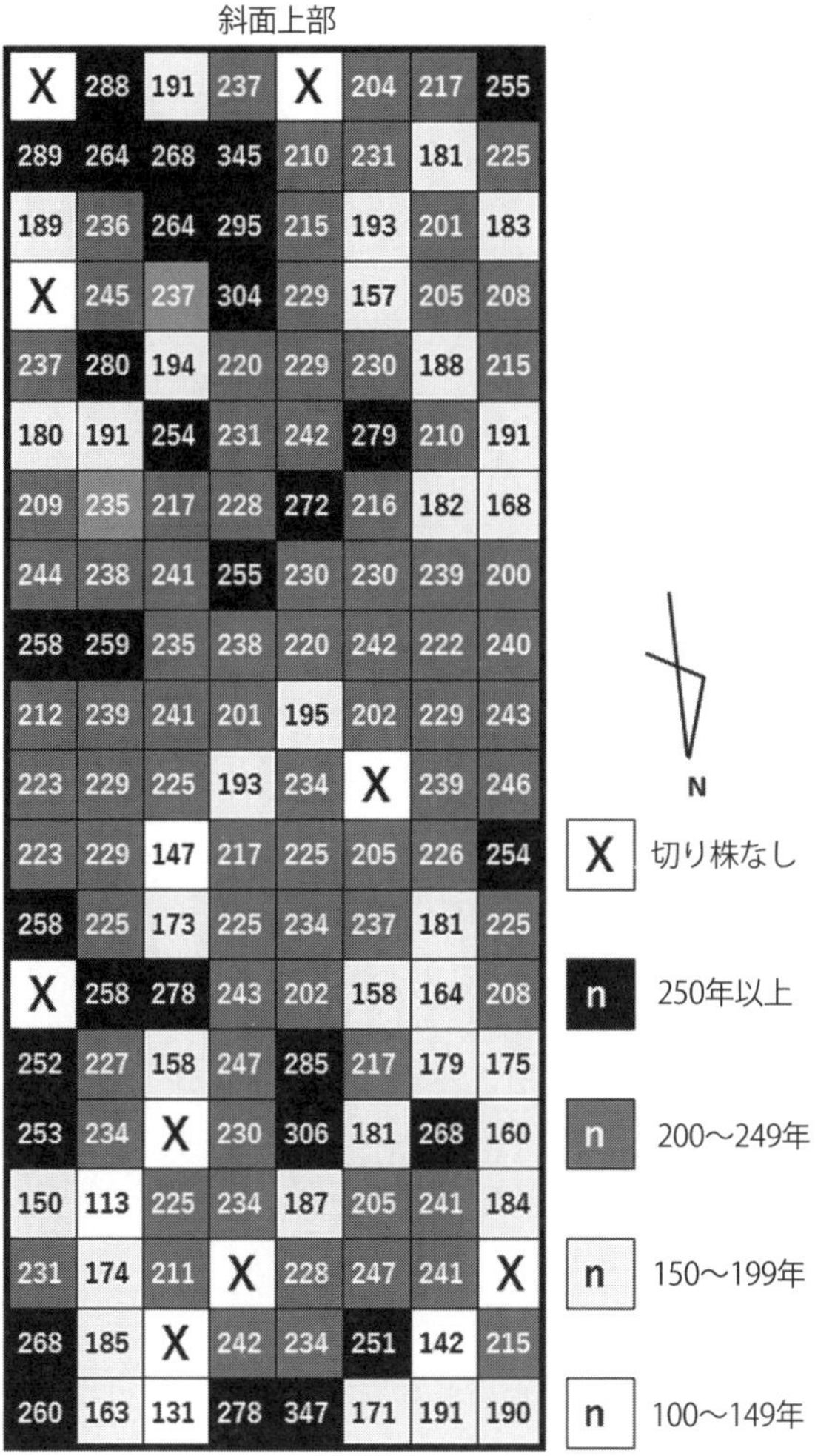

図3-15●御嶽山の皆伐跡地で求めた伐り株の平均年齢の水平分布
方形区 P−3 を 5m 四方の区画に分けて、伐り株の平均年齢を求めた。区画の年齢階級を使って斜面上におけるその水平分布を表現した。図上での区画の各パターンは、年齢幅 50 年の階級を示す。（早川敬純の卒業論文に基づく）

がこの大攪乱の発生原因とは考えられない。一七八三年に近くの浅間山が噴火しているが（荒牧 一九五六 英文）、これは時期的に合わない。むしろ、長野県西部地震（一九八四年九月一四日発生）に見られたような地滑りや台風のような大風で樹木群が将棋倒しになって、当時のP―3が大規模に攪乱された可能性がある。なお、御嶽山は、一九七九年と二〇一四年にも水蒸気爆発を起こした。これらの災害で、尊い人命が失われたことを重く心に留めておきたい。

コラム05 古き良き時代の研究スタイル

column

当時の御嶽山は、今と較べるといわば隔絶の地にあった。そのために、様々な思い出と苦労話がある。ここには、国有林・製品事業所跡地に、岐阜大学の先輩である安藤辰夫先生たちが建てた六畳一間のプレハブ小屋があった。調査地の近くに恰好の拠点を得たことに、どれだけ助けられたかは想像に難くないだろう。初夏から秋にかけて、その小屋で、毎月一週間は自炊しながら学生さんと寝泊まりしたことをよく思い出す。この合宿では、食料の調達から炊事まで面倒な仕事が待ち受けていた。水道もなかった。よくしたもので、料理自慢の学生が必ずいて、粗末な素材と狭い小屋にもかかわらず、皆で食べる食事はおいしかった。お昼には人数分の弁当をこしらえるのだが、いつもメニューは「カツ丼（カツオブシ丼）」であった。雨で小屋に閉じ込められることもあったが、たいていは調査に忙しい日々を送った。夜遅くまで歓談し、たまの快晴に澄み切った満天の星を眺めると、昼間の疲れも吹き飛んでしまう。こんな学生時代の研究生活は、彼らにとって良い思い出になったに違いない。大学の建物にこもって実験するより、数倍は楽しかっただろうと想像する。

このプレハブの建物は、いつ倒れてもおかしくないような小屋であった。春になると雪下ろしが必要になる。天気の良い日を選んで、安藤辰夫先生が運転するジープに乗って濁河のスキー場まで行き、そこから山スキーで林道を二時間ほど歩いて小屋に向かった。深い雪に埋もれた亜高山帯林を歩くのは、爽快でもあり天候の急変を気にしてスリリングでもあった。小屋のある場所まで行って最初にするのは、小屋の屋根をみつけるという作業であった。つまり、三メートル以上も積もった雪に小屋全体がすっぽりと埋もれているのである。ようやく屋根の位置をみつけた後に、雪を掘り下げて玄関口を探すという重労働が待っていた。何のことはない、雪下ろしではなく雪上げである（図3—16）。数名のたくましいメンバーが集まって、こんなことをやったのをふと思い出した。

そういえば、この本を書いていて当時の卒業論文と修士論文を読んであらためて驚いた。文章はすべて、手書きである。この頃の大学には、学生用のパソコンなどは存在しなかった。御嶽山で取ったデータは電卓を使って集計し手計算で分析され、図表の作成には製図用の「ロットリングペン」が使われていた。こんなに手間のいる作業もまた彼らの勉強のひとつになり、オリジナルな発想が手足を使って生まれた。不便さと苦労が自身を磨いたという気がしてならない。

図3-16●御嶽山プレハブ小屋の「雪あげ」
御嶽山にあった思い出の研究拠点。豪雪のため、春にはプレハブ小屋が雪にすっかり埋もれてしまう。雪下ろしの際には、まず屋根を掘り出す必要があった。（1988年頃同行者撮影）

2　豪雪地帯のブナ原生林の意外な来歴

ブナ林の面白さ

ブナ林に入ると、なぜか心が落ちついて清々しい気分になる。とくに新葉の時期が良い。春の温かい日差しに、木々の新芽が膨らんでいき、そのうち鮮やかな新緑が明るい森の中にあふれる。こんなに美しい世界があったのかとさえ思う。まるで、木々の息吹が体の中に溶け込むようだ。梅雨が過ぎて夏が来ると、木々の葉が成熟して緑を増し、色合いからも森の姿は落ち着いたものになる（図3—17）。葉の形が蛙の手になぞらえられるカエデ類、葉縁に大きな鋸歯をつけたミズナラ、菩提樹の仲間でハート形の葉のシナノキが、数多くのブナの木々と緑を競い合い、幹に絡まる蔓や林床のキノコ類、幽霊茸と呼ばれる純白の腐生植物ギンリョウソウ（ツツジ科）が森に彩りを添える。秋になると、ブナ林は錦繍の森と化す。豊穰の稔りが訪れて、たくさんの動物が食べ物を求めて動き回る。ツキノワグマが、実を取るために木の上で折った枝を尻の下に敷き詰めて、座布団のような「円座」を樹冠の中に作ることもある。冬になると、いっさいの葉を落としたブナ林は純白の雪で包まれ、ひっそりと静まって翌春まで眠りにつく。ブナ林は、私たちにとって非日常の世界であるのに、どの季節をとって

図3-17●堂々としたブナ大木の樹冠
（岐阜県白川村大白川、2004 年撮影）

も、それを見た者の心に響く。

地球上で、ブナ林は北半球の温帯に広く分布している。ブナ林が、しばしば母なる森と呼ばれる所以でもある。ブナ属の樹種は、地球上に三つの分布地を持ち、ヨーロッパブナの生える欧州・英国等の地域、アメリカブナが生える北米東岸等の地域、そして八種以上のブナ類が生える東アジアの地域がある。日本のブナ林は、九州・四国・中国地方の冷温帯上部、および中部地方の冷温帯から、東北地方および北海道の一部の低地にまで広く分布している（林 一九八二）。その林床には、各種のササ類と多くの稚樹・低木類と草本類などが暮らしている。なお、日本では、ブナ属の樹木に、ブナとイヌブナの二種類が存在する。イヌブナは、中間温帯などやや低い標高に分布し、純林を作ることはあまりない。葉はよく似ているが毛が多く、実の形状と付き方がブナとは少し異なっている。

このブナ林には、いくつか面白い生態現象が存在する。たとえば、ブナの北限を決める要因である。現在の日本列島で、ブナの南限は鹿児島県の高隅山にあり、北限は北海道の渡島半島の黒松内低地帯にある。この北限を超えると、北海道の冷温帯林は、基本的にミズナラを主体とする落葉広葉樹林になってしまう。ブナの北限が、なぜここで止まっているかは、植生史を考える格好の材料となる。

私は、森林生態学の講義で次の質問をすることにしていた。「ブナの北限は北海道の渡島半島にありますが、これはどういう原因によるのでしょう」。学生の誰かが必ず答える、「それは、ブナが冷温帯性の樹木なので、ここから北に分布できないのです」。この答えは間違っている。渡島半島より北側でも、北海道の平野部には冷温帯に属す場所が存在するからである。この質問に正しく答えるには、ブナの北進がなぜ渡島半島で止まったのか、その原因を示さねばならない。というのは、ブナは南方に起源を持ち、北方に向かって分布を広げている最中なのだから。これは、植生分布に興味を持つ学生には、もってこいの質問であった。

黒松内町ブナセンターのＷｅｂサイトを読むと、ブナが北海道に上陸し現在の黒松内低地帯に到達したのは、花粉分析に基づくとわずか六八〇年前の頃だったそうだ。これを人間の歴史で見ると、せいぜい鎌倉時代か室町時代のことである。北進がここで止まっている原因として、最低気温や乾湿度による制約、羊蹄山の火山活動、および人間活動として野火の影響などが考えられている。ただし、この議論はまだ決着していないようだ。ブナの北限は時間に伴って移動しており、現在の北限は植生史のひとコマを占めるにすぎないのだ。

このほかに、ブナは「周期的結実」という性質を持っている（橋詰 一九八七）。一般に、樹木は毎年同じように結実するわけではない。実が多い年と少ない年、あるいはまったく実をつけない年がある。結実の周期性は多くの樹木で見られるが、ブナでは明確にそれが起こる。豊作年のあと凶作年が続き、五年から七年後に次の豊作年が訪れる。

この周期的結実が起こる説明には、「資源要因説」、「気象要因説」、「捕食者飽食仮説」などがある。最初の二説は、樹木に内在するエネルギー、もしくは気象等の外的要因によって、実の豊凶が決まるという説である。捕食者飽食仮説は、豊作年に大量の実を落とすことにより、ネズミなどの捕食者が食いきれないようになるという説である（ジャンセン 一九七一 英文）。周期的結実は、捕食を回避し繁殖成功度をあげるために、ブナが進化して到達したといわれている（今 二〇〇九）。また、樹木生理の見地から見ると、結実は「自家不和合性」に関係するそうだ。ブナ科の植物は、自家受粉では受精しない仕組みを持つことがある。この場合、他の個体が開花した時に、自分が同時に開花しないと子孫は残せない。受粉成功率が結実による資源消費の同調性を生み出し、それがブナに周期的結実のパターンをもたらしたとも考えられている（井鷺ら 一九九七 英文）。なお、前述の黒松内町ブナセンターによると、一九九二年と一九九七年に渡島半島全域でブナの実が豊作であった。この期間のはざまにある年は、ブナの実がまったくか散発的にしか成らない状態であった。それに対して東北地方では、一九九〇年や一九九五年にブナの実が豊作で、他の年にもいくつか気まぐれな豊作があった。地域間でブナの結実が同調することはあまりないようだ。

これらのように、ブナという樹種あるいは森林については、数々の面白い生態現象が存在する。ブナ林は、林学や生態学の研究者に人気の森であった。ただし、林学に関してはブナの育苗や植栽苗の成長など造林の側面、生態学に関しては結実に関する樹木生理の側面や極相林としての維持機構などが強調されていたきらいがある。本当にブナ林は安定した森林なのか、私たちの研究室でも、大白川のブナ原生林を使って、撹乱の起こり方と森の来歴の関係、および豪雪地帯における樹木群の生き方を調べてみようと思った。

大白川のブナ原生林との出会い

さて、岐阜県白川村の大白川谷にすごいブナ林があると知ったきっかけは、ほんの偶然の機会からだった。私たちが御嶽山の亜高山帯林を調べてからおよそ一〇年を経過した一九九二年の秋の頃、営林局の業務研究発表会に出席した時のことである。名古屋市にある庁舎で、白川村配置の森林官が紹介するスライドを見て、大白川にある樹木の大きさとこのブナ林の豊かさに目を見張った。ここは、人

図3-18●白水滝
（岐阜県白川村大白川、2020年撮影）

里から遠く離れた場所にあるので、きっと原生林に違いない。さっそく、中部森林管理局に調査の希望を伝えたところ、好意的な返事が返ってきた。あの発表会に出席しなかったら、私たちがこのブナ原生林を調べることはなかっただろう。またもや幸運にめぐり合えたのだ。

一九九三年の初夏、岐阜県白鳥町にあった営林署でお世話になる森林官と落ち合い、一同で郡上街道を北上して、平瀬の集落から大白川谷に入った。この桃源郷に至る道中のことは、第2章4節で述べたところである。前述のドロノキ林のあたりを通り過ぎると、曲がりくねった県道はさらに上がっていき、「八石平」にたどり着いた。この八石平では、昔、村人がトチノキの実を八石（一石は〇・一七立方メートル）も拾ったといわれている。山村にとって栃の実は、大切な米の代用食品であった（畠山 二〇〇五）。八石平を過ぎて、白水滝（しらみずのたき、図3―18）付近から細い脇道に入って、ようやく件のブナ林地帯にたどり着いた。この場所は、深山幽谷にありながら調査地まで自動車で行けるので、重い装置を使って森林を調べるにはたいへん都合が良い。ただし、ここに至る道路は、いささか危なげにみえた。豪雪地帯なので、春になると雪崩

図3-19●大白川谷のブナ原生林
冷温帯上部の豪雪地帯にあり、よく成熟したブナ林である。写真の中央下に学生が小さく写っている。(2004年撮影)

の心配が出る。落石と崩落が起こりやすく、集中豪雨や台風の時などはしばしば閉鎖される。往来には充分な注意が必要である。

そして、目の前に、例の発表会で見た通りのブナ林があらわれた。ブナの巨木の合間にさらに大きなミズナラが屹立し、まさに森の桃源郷の中核である(図3―19)。この森林は、現在「飛騨白山白川郷自然休養林」の一画にあり、冷温帯の最上部に位置している。温量指数は五六・四であった。全国でも有数の豪雪地帯なので、厳冬期に森は大量の積雪に埋もれてしまう。その証拠に、ブナの木肌には四メートル以上の高さまで地衣類が根雪で削られた跡があった。ほとんどの低木は、匍匐形をとり地面に寝る状態であった。冬から春にかけて、低木が雪の重さに耐える様子が目に浮かぶようだ。

このブナ原生林より標高が高い場所には、針葉樹の黒い森ではなくダケカンバという落葉広葉樹が優占する亜高山帯林が分布している。ダケカンバは、前の丹生川村の調査地にも出現したが、シラカンバと同じカバノキ科の樹木であり、幹肌は褐色で葉身の幅がシラカンバより狭い。白山の亜高山帯にアオモリトドマツなどの針葉樹が少ないのは、前述した豪雪に対する抵抗性のなさが関係するのかもしれない（中部森林管理局 二〇〇三）。豪雪は、この地に生える樹木に強い制約を与えているのだ。

どんな樹種で構成されているか

こんな経緯で、憧れのブナ原生林に調査地を設けた私たちは、平瀬の集落にあった治山事業所の宿舎に泊めてもらって調査に通う日々を続けた。当時の営林署の協力なしではこの研究は成立しなかっただろう。これ以降、当時の森林官であった板倉重雄氏と桑田　博氏には、調査時に様々なアドバイスをいただくことになる。

一九九三年六月に、一〇〇メートル四方の方形区を、大白川流域「小白水谷」左岸にある平坦地に作った。当地の標高は一二三〇メートルで、ブナ林の分布の上限に近い場所にあった。この方形区を、一辺一〇メートルの小方形区に分けて、その四隅に杭を打ちテープを張った。正方形の外形としたつもりが、実際に測量すると平行四辺形を示し、その総面積は九九六三平方メートルとなってしまった

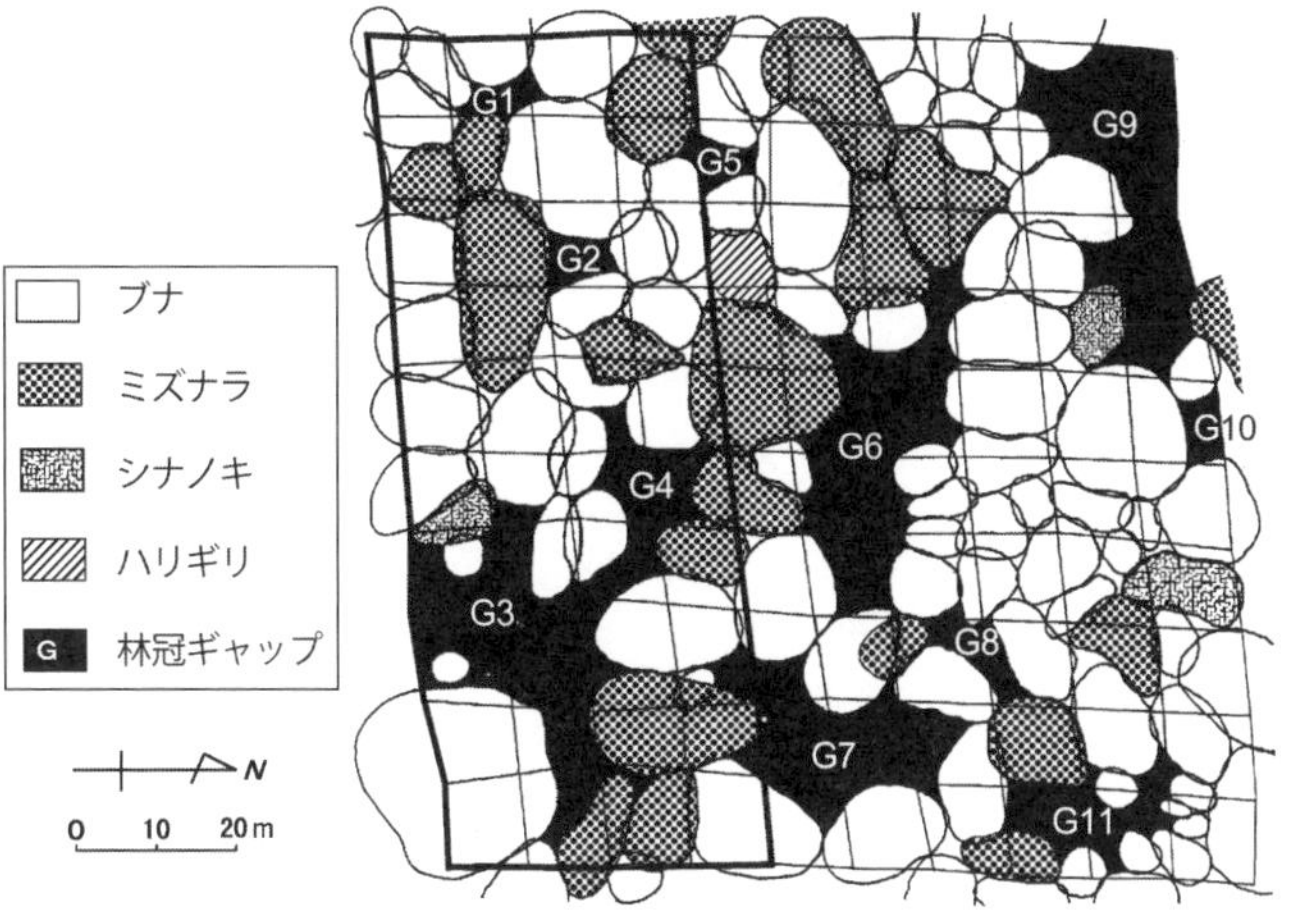

図3-20●大白川谷のブナ原生林の樹冠投影図
樹冠の水平位置を現場で調べ、グラフ用紙に投影してこの図を作成した。樹冠のパターンで樹種の違いを、黒塗りでギャップを示した。（加藤・小見山　1999を改変）

（図3—20）。ここはかなりの平坦地で、方向感覚をなくしたのだ。

ちなみに、平坦地の森林では視界が樹木に遮られ、しかも方向の目安にするピークがない。そのために、歩く方向を失いやすい。大白川の方形区が平行四辺形になったのは、こんな理由による。これは、世界中どこの森林でも気を付けねばならないことだ。実際に、ハイキングの人がこの方形区に迷い込んで、道に出るにはどうしたら良いかと尋ねられたことがある。こちらも驚いたが、向こうも深い森の中で突然人に会ってさぞ驚いたことだろう。後でわかったことであるが、ここが平地である理由は、白山が噴出した溶岩が平たく溜まり、その上に火山灰などが降り積もってできた地形のためらしい。

さて、この方形区でいつものように毎木調査を実施した。まさに、原始の森に迷い込んで、途方もなく大きい樹木を相手にするという気分になった。ここで巨木の直径をはかるのは大変である。数名が巻尺を支えないといけない。測定位置にペンキで印を塗るのも一苦労だった。作業を進めると、この方形区には胸高直径五センチメートル以上の樹木が一八種八二八本あることがわかった。それらの胸高断面積合計は四四・八平方メートルで、現存量としてみても大変成熟したブナ林である。なお、樹高は六七本の樹木を選択して測定した。

樹種として何が多いかを調べたところ、やはり本数割合が最も高かったのはブナの三〇・三％であった。胸高断面積合計では四二・六％を占めていた。同じブナ科のミズナラは、本数割合が二・四％と少なかったが、断面積合計ではブナを超えて四八％を占めていた。いかにミズナラの木が巨大であるかがよくわかる。ムクロジ科のヒナウチワカエデは本数割合が二八・七％と高かったが、胸高断面積合計では二・四％を占めるにすぎず、これらは林床の低木層で暮らしていた。ほかに低木として生きる樹種には、レンブクソウ科のオオカメノキ（九・三％）が多く、そのほかカエデ類のハウチワカエデ・イタヤカエデ・ウリハダカエデ・コハウチワカエデ・コミネカエデ、バラ科のウワミズザクラ・アズキナシ・マメザクラ、そのほかにコシアブラ・シナノキ・ミズキ・サワフタギ・ハリギリ・ツリバナが存在した。前述のように、これらすべてが林床で匍匐しており、豪雪の影響の強さをあらためて感じさせられる。

豪雪地帯ならではの森林構造

前に述べたように、森の来歴を求めるには年齢分布を調べるのが最も確実である。ところが、この大白川の桃源郷では樹木があまりに大きすぎて成長錘など歯が立たず、年齢情報を得ることはできなかった。やむを得ず森林構造とサイズ分布からそれを推定しようとした。

胸高直径の頻度分布を調べたところ極端なL字型を示し、しかも分布が大径側に向かってぐんと突き出していた（図3―21a）。胸高直径が一メートルを超える樹木に、一一本のミズナラとブナがあった。最高樹高はミズナラの二七メートルで、幹の最大直径はミズナラで二メートル五センチメートル、ブナでは一メートル一四センチメートルであった。まさに巨樹の森である。そして、多数の胸高直径二〇センチメートル未満の小径木が林床に分布していた。

図をよく見ると、この二〇センチメートルを境界にして、矢印で示す不連続が生じていることがわかる。この前後で、樹木の本数がまったく異なっているのである。この不連続は、ブナだけを選んでみてもはっきりしていた（図3―21c）。ミズナラは直径分布の傾向が異なり、むしろ大径木が多かった（図3―21b）。ミズナラには第4章で述べる巨大高木が存在する。その他のヒナウチワカエデ・オオカメノキ・ウワミズザクラ・コシアブラ・シナノキなど一六種は、本数自体が多くても、そのほとんどの個体が胸高直径二〇センチメートル未満の直径階に分布していた（図3―21d）。なぜ、胸高直

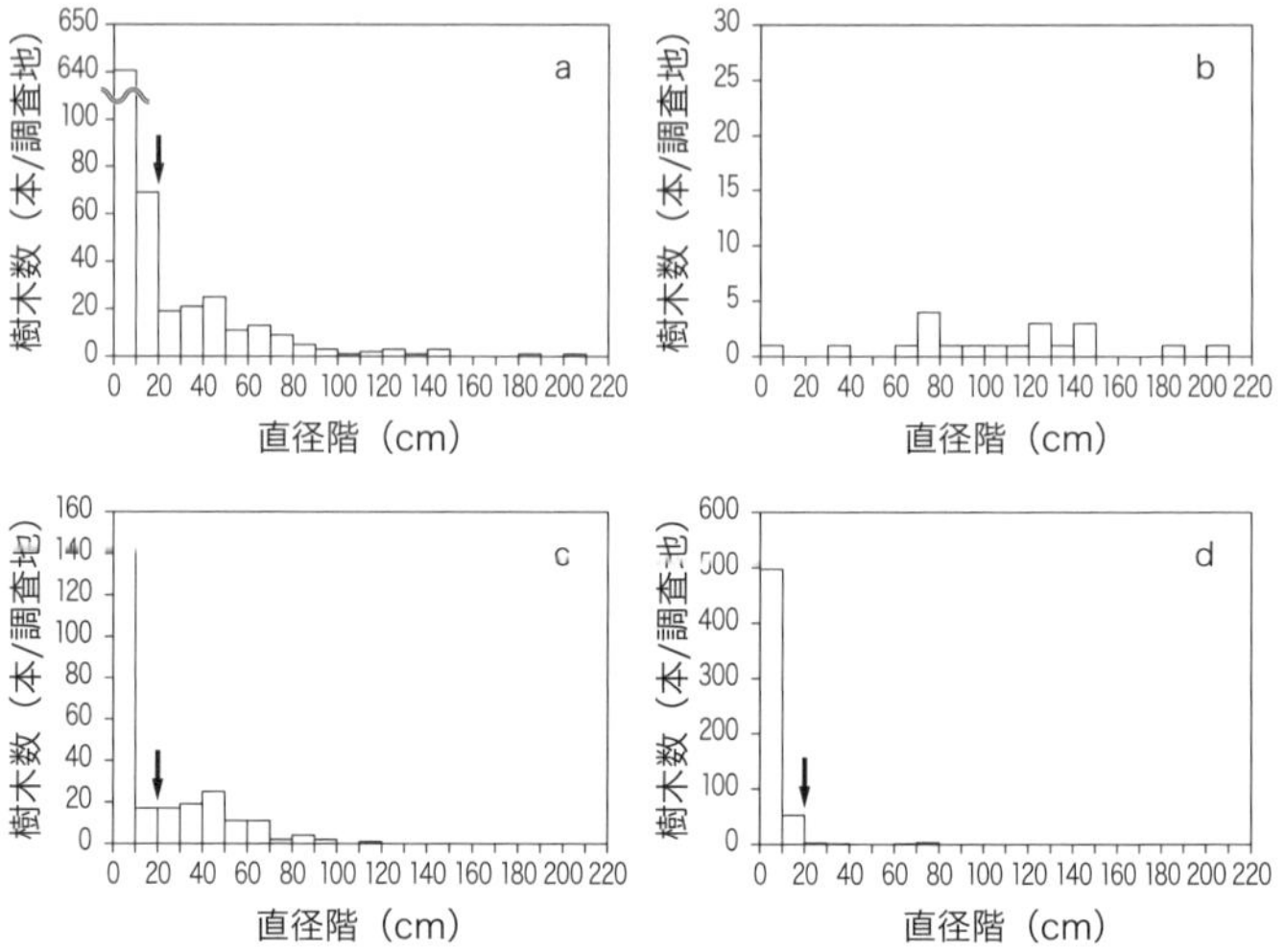

図3-21●大白川谷のブナ原生林の直径分布
(a) 全樹種、(b) ミズナラ、(c) ブナ、(d) 他 16 種。図中の (a)、(c)、(d) に付した矢印で示すように、ほとんどの樹種で、直径 20cm 前後を境に直径分布に不連続が生じていた。これは豪雪と低温の影響である。ただし、(b) のミズナラにはこれがみられなかった。

径二〇センチメートルを境にして、直径分布が不連続を示すのだろう。

　その理由を考えてみた。豪雪地帯では、積雪面を境にして冬の温度環境がまったく異なり、その上では猛烈な寒気が樹木を襲い、その下では雪の保温効果から樹木にとって比較的耐えやすい温度となる。たとえば、私たちが高山市の日影平にある岐阜大学の施設で調べたところ、標高一三四二メートルの地点で、一九八〇年の三月三日の真夜中に、外気の温度はマイナス六・八℃であった。そこには一・五メートルの積雪があり、雪面の温度はマイナス一六℃まで下がった。ところが、積雪を〇・五メートルの深さまで掘ると雪温はマイナス一〇℃まで上がり、さらに掘ると一メートルの深さでマイナス二℃、積雪下にある地表面でマイナス一℃となった。この測定例では、外気と根雪の下で最大一五℃もの温度差があった。

すなわち、積雪期に雪面の上と下で温度環境は激変するのだ。これは大白川の方形区でも同じであろう。そして意外なことに、低木層の樹木にとって雪の下は耐えやすい温度環境なのである。よく雪山で登山者がビバークする時に雪洞を掘るのには、風を避けるだけでなくこんな理由がある。春に雪が融け出すと、それまで雪の下で寝ていた低木類がパンと音を立てて雪面上に跳ね上がるのだそうである（渡辺 二〇二二）。そして、低木層に含まれる樹木が年々大きくなって、冬の積雪期にひとたび雪面上に梢を出すと、大白川ではマイナス二〇℃以下の外気に触れる。

つまり、雪面より樹高が高くなったその瞬間が、大白川の樹木にとっては試練の時となるのだろう。逆にみると、この境界の高さを超えることが上層木に育つ条件となる。この高さが、胸高直径に換算しておよそ二〇センチメートルになるのだと考えられる。方形区にある樹種で、これを越えたのはブナ・ミズナラ・シナノキ・ハリギリだけであった。これらは、高い耐凍性、幹が適度な剛直さと伸長速度を持つと考えられる。高標高の豪雪地で高木になるには、こんな試練を克服しなければならないのだ。

さて、上層木の種数を他のブナ林と比較してみよう。アリヤら（二〇一六 英文）は、中国山地の標高一〇四八メートルにあるブナの老齢林で樹種組成と森林構造を調べている。ここの最大積雪深は、大白川の方形区での半分以下である。森林の胸高断面積合計はヘクタールあたり二八・五平方メートルで、ブナの最大直径は九九センチメートルに達するという。上層木には一三種もの樹木が存在し、ホオノキ・ブナ・ミズメ・サワグルミ・ハリギリ・ミズナラが四〇センチメートル以上の胸高直径に達していた。ほかに三種のカエデ類およびアズキナシ・コシアブラ・ナツツバキ・アオダモが分布していた。いささか単純な比較ではあるが、この森林と比較して、大白川のブナ原生林では、上層に達する樹種の数が極めて少ないといえる。これは、たぶん豪雪と低温の影響であろう。

林冠が衰退していく

つぎに、撹乱様式を明らかにするために、この方形区でもギャップの分布を調べた。方形区の枠にしたがって、ギャップの形状と位置を樹冠投影図の中に記録した。上層木が受ける撹乱は、林冠構造にどんな時間変化を与えているのだろう。

一九九三年の時点で、このブナ原生林の方形区には総計一一個のギャップがあり、ギャップ率は二一・一%と高かった。前の樹冠投影図（図3―20）を見ると、最大のギャップは南東の隅にあるG3で、その面積は四九〇平方メートルであった。このギャップはその横のG4と繋がっており、ほかにもG6・G9のような大きなギャップが近くに位置していた。現地を歩くと、これらの大きな面積のギャップが互いに隣接している様子がわかる。一方、林冠に囲われたG1・G2・G5など小さなギャップも存在し、互いに離れ離れの位置に分布していた。

複数の樹木が将棋倒しになって地面に横たわっている様子はなかった。単木的な大木の立ち枯れや倒伏でできた大面積のギャップを持つことが、このブナ原生林のひとつの特徴であることがわかった。ここでの立ち枯れの原因は、冷害もしくは寒風害にあるのだろう。上層木が枯死すると、そのギャップを通して冷たい外気が森林の中に流れ込む。冬の寒風により、立ち枯れが連鎖的に発生して大面積のギャップができたことが考えられる。そのような相乗効果で大規模な枯死が生じるのであろう。ブナはミズナラより枝の耐凍性が弱い樹種なので（酒井 一九八二）、厳しい低温には耐えられないのである。

後に、筆者らは航空写真を判読して、G3などの大きなギャップが時間とともに面積を拡大していることを見出した（加藤・小見山 一九九九）。これも、同様の原因によるのだろう。さらに、一九九五年と二〇一二年の樹冠投影図を比較すると、方形区全体でギャップ面積が拡大していることがわかった（スチェバポリポントら 二〇一五 英文）。ただし、森林の現存量に顕著な変化は見られなかった。また、二〇二〇年に方形区を訪れた際には、老衰もその原因なのだろうか、ミズナラの巨木がつぎつぎと枯死しているのを見た。現在の林冠は、衰退の途上にあると考えられる。

土壌断面に残る白山の噴火の痕跡

共同研究者の大塚俊之先生（岐阜大学）らが、同じ方形区の中で、タイ人留学生と二〇一一年に地面

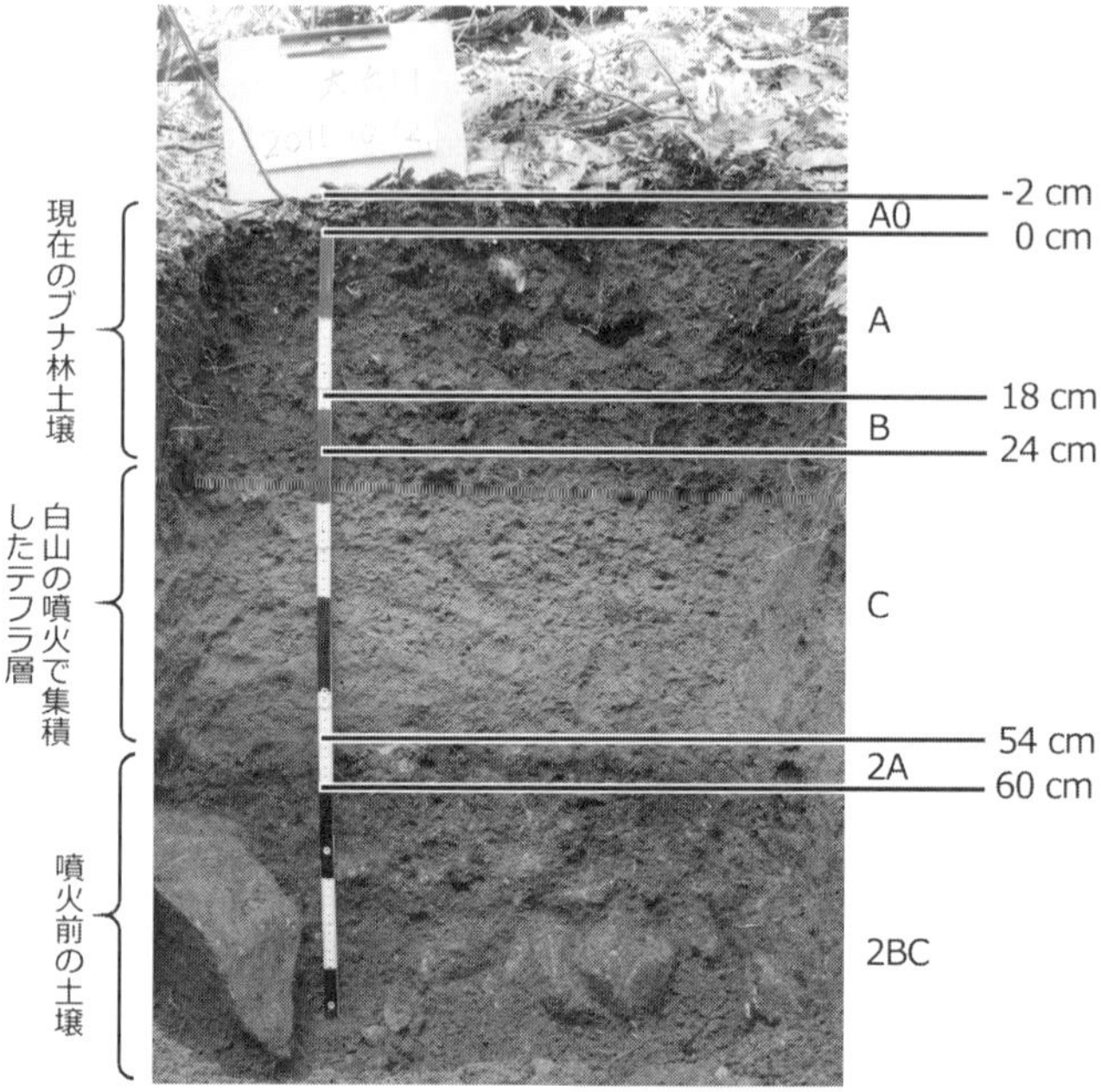

図3-22●大白川のブナ原生林で掘った土壌断面の写真
この写真は、岐阜大学の大塚俊之先生の提供による。また、土壌断面を調べた際に、神戸大学の藤嶽暢英先生の御協力を得た。現在のブナ林土壌はテフラ層の上にあり、この層の下には過去の森林の土壌が埋もれている（スチェパボリポントら 2015　英文を改変）。

を掘って土壌断面を作った時に、驚くべき事実を発見した。この方形区の土壌断面には、地表から二四〜五四センチメートルの深さに、なんと火山噴出物「テフラ」の厚い集積層がみつかったのだ。現在のブナ林の土壌は、このテフラ層の上に乗っていることになる。このテフラ層の下には、噴火以前にあった森林の土壌層が存在した（図3—22）。つまり、ブナ林を一気に壊した大撹乱の痕跡が、土壌中にみつかったのである。

スチェバボリポントら（二〇一五 英文）によると、このテフラ層は一六五九年（江戸時代、万治二年）に起こった白山の水蒸気爆発によってできた可能性があるという。

たしかに、調査地から現在の白山山頂までは六キロメートルしか離れておらず、国有林に建てられた案内看板を見ると、調査地が過去の溶岩流の真上に乗っていることがわかる。もし、方形区のすべての場所が一六五九年の噴火の影響をもろに受けたとすれば、この原生林の年齢は三五〇歳あまりとなるだろう。さらに、西暦一五〇〇年以降に、白山は複数の水蒸気爆発を数回は繰り返していたそうだ。大塚先生たちが、二〇二〇年に方形区の別場所で土壌断面を作ったところ、樹木の根は深さ二〇～三〇センチメートルの層に見られ、その下部には複数の噴火による痕跡物が見られたという（『白水滝調査報告書』、白川村教育委員会、二〇二三）。

大塚先生たちが方形区の近くで調べたミズナラの枯死木（胸高直径七四・五センチメートル）は、年輪数からおよそ二五八歳であったという。これは、前述の噴火時期と矛盾しない年齢である。しかし、次のことも指摘している。方形区には胸高直径が二メートルに及ぶミズナラの巨木が現存する。幹の中心が腐っているために年輪を調べることはできないが、これらの巨木は三五〇年よりはるかに高齢であると考えられる。一六五九年の噴火前からの生き残りなのだろうか。

また、この一六五九年頃は、「マウンダー極小期」(注13)が関係するとされる低温期にあたる。この時期の日本は、冷夏と悪天候が続いて、小氷期のような状態であったそうである。当時、大白川の樹木群は極度の低温にさらされていたことになる。ただでさえ寒い場所なのに、この時期に樹木はどんな状態に置かれていたのだろう。前述のようにブナは耐凍性が低いので、その多くが一気に死亡した可能性もある。一方で、ミズナラは耐凍性がより高いので、生き残ることもできたはずである。耐凍性の低い樹種群がこの時期に消えた可能性が考えられる。結局、この森で何が起こったのか、白山の噴火の影響も含めて当時の状態はいまだ推察の域にある。

成熟したブナ原生林で

こんな森の来歴を経て、大白川のブナ原生林には成熟した森林構造ができた。このステージで樹木群が繰り広げる生活の中から、二つの面白い生態現象を調べた結果を示す。

まず、このブナ原生林では、結実の翌年に多数のブナの芽生えが地上に顔を出す。これらが順次成長してその一部だけが林冠に達する。実が発芽して大木に育つまで、森林におけるブナの個体数の変化を追ってみよう。

この調査地では、一九九三年の秋にブナ種子の豊作年があった。落下した種子の数を、「リタートラップ」という装置を使って調べた。このトラップは、傘をひっくり返したような形をしている。円形の枠で支えられた網袋からできており、その開口部から種子・枝・葉など樹体の一部が落下して中に入る。落下種子をトラップで回収すれば、地面に落ちる種子の面積密度が推定できる。このブナ林では、一平方メートルあたりに平均して四二五個のブナ種子が落下していた（溝口ら 一九九六）。これを一ヘクタールの森林面積に換算すると、実に、四二五万個ものブナ種子が林床に供給されたことになる。

ブナの種子は休眠性を持たず、これらの一部が、翌年の春に地上に芽生えを伸ばす。方形区内での場所的な変動を把握するために、このブナ原生林の方形区を横切るように、一メートル幅で一〇四メートルの細長い調査区を設置し、一九九四年にその内部でブナの芽生え（当年生実生）の総数を勘定した（加藤正吾の卒業論文）。ブナの芽生えは、一平方メートルあたり平均して五四本となることがわかった。これを一ヘクタールの森林面積に換算すると、五四万本の芽生えが発生したことになる。これらの芽生えは、個体をマーキングして調べると、同年の一一月までにその本数の七九・七％が死んでしまった。この時点まで生き残った芽生えの数は、一ヘクタールあたりおよそ一〇万本になった。

つまり、このブナ林では、一九九三年に供給された種子の一二・七％が、翌年の春に芽生えとして発生したことになる。これらのうち一九九四年の一一月まで生き残った芽生えは、供給された種子のうち、たった二・四％にすぎなかった。生き残った芽生えにも様々な死亡要因が掛かり、時間とともにその数を減らしていく。

さて、この方形区には、胸高直径五〇センチメートル以上あるブナの大木が三一本あった。結実の翌年に発芽した五四万本の芽生えが数百年を経るとたった三一本の大木になる、これから単純に計算すると、発生した芽生えの〇・〇〇六％が、このサイズの大木に育ったことになる。ブナは数年に一度の割で結実するので、実際にこの確率はひたすらゼロに近い値になるのだろう。ブナが大木に育つには、こんなに厳しい過程が控えていたのだ。

つぎに、植物の愛好家にとって、とくに原生林は宝の山である。植物の本来の暮らしが直接観察できるのだから。ある時期、私たちの研究室に原生林にとりわけ強い興味を持つ学生が集まったことがあった。彼らに大白川のブナ林のことを話して、「この原生林では、どんな空間にどれだけ多くの植物種が分布しているのだろう」という問いかけをしたところ、すぐにこのテーマに飛びついてきた。彼らが興味を抱くのは、植物種の多様さもさることながら、原生林の仕組みに近づきたいという気持ちが強かったように思う。とにかく、生物と野外生活が好きな学生たちで、双眼鏡とはしご、そして樹高をはかる検測桿の先に付けたカメラを持って、ブナ原生林の方形区を嬉々として歩き回った。そして、方形区に存在する植物種を片っ端から標本と画像に捉えて、観察と画像から植物種の数を調べた。

前述のように、このブナ原生林には、「林冠」と「林床」の二つの植物空間が存在する。「林冠」では、空から強い日射があたり、樹木の光合成に好適な環境ができる。樹木がこの空間に長く滞在すれば、大型に育つことができる。一方、「林床」では、樹冠を通過して減衰した日射しか入ってこず、樹木の光合成にとって必ずしも好適な環境ではない。ただし、林床は、強風が吹きこまず、厳冬期でも積雪による保温効果があるなど、樹木にとって暮らしやすい要素もある。

この原生林には、一一一種の維管束植物（シダ植物と種子植物）が分布していた。これらには、木本類と草本類およびシダ類がある。このうち、林冠に分布するのは、前述のブナ・ミズナラ・シナノキ・ハリギリの四種であった。一方、林床には、木本植物だけで四一種が分布していた。ここには、林冠木四種の稚幼樹のほかに、亜高木性のミズキ・カツラ・コシアブラ・ナナカマド・イタヤカエデ・ウリハダカエデの六種の稚幼樹が分布していた。これらのほかに、つぎに示す低木性の樹種などが分布していた（高橋ら一九九九、近藤ら二〇〇八、および寺西美樹の卒業論文）。なお、それぞれの研究で、調査した面積とサンプリング方法が少し異なるので、ここおよびこれ以下に示す植物の種数は若干の幅を持つと考えてほしい。

低木性の樹種には、林床にしか棲み場所がない。前にも書いたように、冬から春にかけて、林床は積雪の下となる。したがって、林床で暮らす低木は匍匐生活を強いられるために、たいてい幹が地面に這いつくばっている。葉がハート形をしたオオカメノキが、低木の中でとくに多かった。この樹種は、枝葉の部分から長い幹が伸びて、その大半が地面上に横たわっていた。このほか、サワフタギ・ツリバナがとくに多く、ほかにコマユミ・ノリウツギ・クロモジ・ハイイヌガヤなどが見られた。また、ごく小型のものに、ヒロハゴマギ・ハナヒリノキ・ミヤマシキミなどがあった。ほとんどの低木種が結実しており、それらが林床の空間で再生産を行っていることがわかった。

林床にはこのほかに、つる植物が五種（ツルアジサイ・イワガラミ・ツルウメモドキ・サルナシ・ツタ

図3-23●ミズナラの巨木はひとつの着生空間
巨木の樹体は、多くの植物の棲み家となっていた。（2004年撮影）

ウルシ）、草本植物が四五種（マイヅルソウ・タニギキョウ・サンカヨウなど）、シダ植物が一三種（ホソバナライシダ・オシダ・ミヤマベニシダなど）分布していた。以上を集計すると、林床の空間に棲む維管束植物の種数は九九種となった。このように、林冠に棲むものに較べて、林床に棲む植物種が極めて多いことが、この森林のひとつの特徴となっている。一つの理由は、前述のように、多量の積雪が持つ保温力で、冬の林床が外気から遮断されていることにあるのだろう。

実は、このブナ原生林には、もうひとつ、「着生」という植物の生活空間があることに気づいた（図3―23）。着生植物とは、樹上生活する植物群のことを言う。この植物群は地面に根を下ろさずに、幹と大枝の分岐箇所や粗い樹皮の隙間などに付着して生活する。植物学でいう着生植物とは、寄生植物とは異なりホスト樹木と栄養交換は行わず、その状態で更新できるものとされている。ただし、本書で着生としたものには、これら真性の着生植物に、偶発的に樹木に着いた植物群を加えている。偶発的とは、林床の空間に棲むべき植物が、大木の幹にへばりついて生活するパターンのことをいう。珍妙な例として、ミズナラの実生が別のミズナラの幹に着き、ブナの実生がハリギリの幹に着くような場合がある。なお、ヤドリギは半寄生植物であるが、林冠に暮らす植物相として例外的に加えた。

方形区で胸高直径が五〇センチメートルを超えるすべてのホスト樹木（合計五〇本：ブナ二九本、ミズナラ一七本、シナノキ三本、ハリギリ一本）について、着生の有無と種類構成を調べた。林冠木の多くに植物の着生が見られ、ホストの胸高直径が大きくなるほど、「着生」する植物の種数が増加する傾向があった。

同じ方形区で、着生の空間でカウントした木本植物は二五種であった。この中には、真性の着生植物のヤシャビシャク、半寄生植物のヤドリギ、そして偶発的な着生を示したイヌツゲ・ハリギリ・ナナカマド・アオダモ・アズキナシ・シナノキなどが見られた。木本植物のほかにも、つる植物三種（ツタウルシ・ツルアジサイ・イワガラミ）、草本植物一五種（アキノキリンソウ・エンレイソウ・アマドコロなど）と、シダ植物六種（ノキシノブ・ホソバナライシダ・ホテイシダ・スギラン・オシダ・オシャグジデンダ）があった。このように、四〇種以上の植物がここで暮らしていた。

原生林では「着生」という空間が、植物の多様性を高める機能を果たしているようだ。この機能は、原生林に大木が存在するという単純な理由に基づいている。大型の樹木なればこそ、樹体に着く植物を潤沢に養えるものと考えられる。これは、原生林の特質のひとつとなろう。

コラム06 *column*

熱帯にあるマングローブ林の来歴

熱帯に行く

私たちの研究室の舞台は、東南アジアのマングローブ林にもある。これを合わせると、地球上で起こる森の来歴を少し網羅的に述べることができるだろう。別著の『マングローブ林：変わりゆく海辺の森の生態系』（小見山　二〇一七、京都大学学術出版会）では、マングローブ林の姿が変化する様子を書いた。以下にその内容を要約したので、熱帯世界の事情にも興味を持ってほしい。

マングローブとは、耐塩性を備えた樹木群を表す言葉で、東南アジアでは五〇種以上が存在するといわれている。決して一種だけの樹木を指すのではない。熱帯・亜熱帯に分布し、東南アジアでは河口部の汽水域に多く見られる。マングローブは、塩分濃度を持つ海水環境を、樹木の生理的な適応（ショランダー　一九六八　英文）と土壌塩分の動態に対する生態的な適応（小見山ら　二〇一九、二〇二〇　英文）によって克服し、他の陸上植物が棲めない環境に生きる木本唯一の耐塩性植物群である。潮が差す立地を大型の樹木が占有することで、熱帯沿岸の一部に海と陸の生物要素を併せ持つ生態系が展開している（図3—24）。

こんなマングローブ林も、今から四〇年前には人々にあまり知られていなかった。私が、初めてタイ王国のマングローブ林を訪れたのは、一九八二年のことであった。その当時、飛行機の直行便はま

図3-24●
マングローブ林とカニの群れ
（南タイのラノン、2017 年撮影）

だなく、長い時間をかけて首都バンコクにあるドンムアン空港にたどりついた。そこで現地の大学の先生たちと会って調査の準備を済ませ、数日後に南タイのラノンという街に出発することにした。

そのころのタイ王国はまだ貧しく、ぼろぼろの自動車がけたたましい騒音をあげて街中に走っていたのが強く印象に残っている。複雑な匂いに包まれた雑踏、たくましく生きる人たち、街全体が混沌とした雰囲気を持っており、まだ若かった私にとって見るもの聞くもの食べるものすべてが珍しかった。

それから四〇年たって、バンコクは豊かになって様変わりした。現在、街の中心部は日本の東京と変わりがなく、高層ビルの間を多くの真新しい自動車が走っている。交通渋滞を緩和するために、高架鉄道や地下鉄もできた。地方に行くと昔の雰囲気が残る場所もあるけれども、この四〇年間でタイ王国の経済は急速に発展した。経済情勢の急激な変化は、森林のあり様にすぐ反映する。この間、毎年のようにマングローブ林の調査に出かけて、自分の眼で原生林が二次林化していく様子を見ることができた。

さて、一九八二年に話を戻すと、長距離バスは、バンコクを夕刻に出発し、さらにマレー半島を南下して脊梁山地を抜け、やっとのことで未明にラノンの街についた。ラノンは、アンダマン海に面する田舎町である。当時の産業は、漁業・パラゴムの栽培・製炭・スズの採掘ぐらいで、後者の二つはマングローブ林地帯で行われていた。エビの養殖池は当時まだ少なかったが、後になってあっという間に増加した。この四〇年間で、ラノンの一次産業には栄枯盛衰があり、勢いを伸ばしたものと廃業したものが相互に入れ替わっていた。これはタイ王国の社会経済に関係する動きである。

世界最大級のマングローブ林が消えていく

かつて、ラノン市から少し離れたハッサイカオ村に、タイ王国でも有数の大きさを誇るマングローブ林があった。チームの荻野和彦先生（当時、京都大学）が私に与えたミッションは、ここでマングローブ林の現存量と炭素吸収量を調べることであった。毎日、ラノンの港から小舟に乗って、一時間ほどかけてハッサイカオの調査地に通った。

一九八二年の頃、この調査地は掛け値なしの原生林で、直径が八〇センチメートルに達する幹を持ち、樹高四〇メートルあまりのマングローブの巨木がまさに林立していた。地面には、巨木群が持つ異形の根が敷き詰められて、さながらジャングルジムのようであった。森林の大きさは、地上部だけでヘクタールあたり数百トンの樹木現存量があり、まさに世界最大級のマングローブ林であった。森の中は、海と陸の生物が作る万華鏡のようで、色とりどりのカニや貝の類がうごめき、それらを食べるカニクイザルなどがいた。大潮の時には、森林の奥まで魚が潮にのって森に侵入し、地下にはゴカイやエビの類と小魚までが棲んでいた。

こんなハッサイカオのマングローブ林にも、人の魔手が伸びてきた。翌年の一九八三年のある日、いつものように調査地で仕事をしていると、森の中で木を伐る音がした。その場所に行くと、二人の男が長いノコギリと大きな斧を持って立っていた。彼らは、炭焼き工場に雇われた伐採人であった。ハッサイカオの調査地は、森林局の取り決めで、伐採できないことになっていた。それにも関わらず、違法な伐採が行われたのであった。私たちの願いは届かず、いつの間にか、海岸よりの場所から大木が伐られていき、調査地の森林は、数年のうちに歯が抜けたような状態になってしまった。おそらく、タイ王国で最後のマングローブ原生林が、これで失われたのだ。

ハッサイカオでは海側から巨木が伐られていき、一九九〇年には調査地の最奥にマングローブ林が残るだけの状態となってしまった。暗くなると巨木が船に乗せられて、どこかへ運ばれていった。どうやら、近くの炭焼き工場に運ばれたようだ。その炭焼き工場に行くと、その中に直径が一二メートルもある巨大な炭窯が六基もならんでいた。

そして、二〇〇五年になると、調査地の最奥の場所以外には、巨木がポツンポツンと残る状態になってしまった。このハッサイカオのマングローブ林は、一九九七年にユネスコのバイオスフィア保護地に指定された。しかし、私たちが最初にみたマングローブ林とは様子がまったく違う。昔は、神秘な雰囲気が漂う巨木の森だったのだ。ここでも、原生林が二次林化する現場に遭遇したのだった。

二〇一四年に、三〇歳代の研究者と一緒にここを再訪した。彼らが生まれたのは、私が初めてハッサイカオを訪れた時分にあたる。彼らの眼には、現在のハッサイカオの森が、充分に発達したマングローブ林のようにみえたようであった。これは、私にとっては意外な反応であった。元の原生林を見たことがない者にとっては、眼前に、私が見るのとは別の光景が広がっていたようだ。

その時こう思った。森の来歴を知ることは大事である。元の姿は、頭の中だけでは組み立てられない。元の姿を見たことがなければ、森林の再生など考えるべくもない。つまり、昔のことを知る科学の語り部は、是非とも必要なものである。

マングローブ林の炭焼き産業と住民による生業

さて、ハッサイカオの不法伐採がなぜ発生したのか。マングローブ林が衰退する原因を、森林経営の面で分析する論文を書いた（小見山ら　一九九二　英文）。この論文では、コンセッション（伐採ー利用免許）を発行する森林局の伐採「計画量」と、製炭業者が炭焼きに使ったマングローブ材の「使用量」、および現地におけるマングローブ林の「現存量」、これら三者の量を推定し互いに比較した。この結果は衝撃的であった。計画量と使用量は、もし紳士的に見るならば同等とみなせる値であった。ところが、「現存量」は「計画量」および「使用量」の半分程度の値であった。これでは、現地のマングローブ林は耐えられない、森林の現存量を超える使用量などはあり得ないからである。

では、炭焼き業者は、一体どこからマングローブ材を調達していたのだろう。前述した一九八三年に、ハッサイカオの調査地で遭遇した違法伐採のことが私の頭をよぎった。間違いなく、コンセッションで許可を受けた範囲外から、マングローブ林を伐採する行為が頻繁に行われていたのである。マングローブ林は、この管理計画から外れた力を炭焼き産業から受けていた。これに加えて、マングローブ林には、地元の人が生活するためにやむなく木材を漁具や住居などに利用する力もかかっていた。あろうことか、産業と生業の二つが強い力となって、このマングローブ林に伸し掛かっていたのである。私たちの調べによって、マングローブ林は炭素固定機能が高い森林であることがわかっているが（小見山ら　二〇〇八　英文）、これにはマングローブ林も耐えられない。

こんな状態が続くと、ラノンのマングローブ林は疲弊してついには崩壊してしまうだろう。この論文が出てから六年後の一九九八年に、コンセッション制度によるマングローブ林の伐採は、タイ王国全土で禁止されるに至った。なお、マングローブ林が受けた人間の力には、炭焼き産業以外にもエビの養殖業やスズの採掘業がある。

このマングローブ林のように、計画と管理が杜撰であると、産業は森林に大きなダメージを与えてしまう。国の経済がいくらよくなっても、自然環境が壊れては災害が起こる。結局は、これが住民の生活を脅かすことになるのだ。これは、どこの国でも同じである。それどころか、熱帯諸国が一次産業へ今なお高い依存度を持ち、先進国が輸入という形でそれを利用するかぎり、森林破壊は温帯におけるよりも激しい。熱帯林とそこに住む人の特性をよく知り、そのうえでグローバルな環境問題を解決することが、温帯に棲む私たちにとっても責務になる。

第4章 ……………… 波乱万丈のあとで

かくして、森の来歴を調べた四〇年間があっという間に過ぎた。この章では、現場で湧いた疑問「二次林は成長の途上にあるのか」、「二次林は原生林に回帰するのか」、「原生林は常に変わらない姿を保ち続けるのか」に答えてみよう。最後に、人と森の接し方について思うところを述べた。

1 広葉樹二次林の来歴を調べてわかったこと

歴史のいずれの場面でも、人間は生きるために強い力を森林に加え続けた。そのせいで、原生林はほとんど姿を消し、二次林が増えるという事態が生じた。人工林も、経済・社会事情のために不振に陥ったものがある。今日では、森林が人の利用から外れて、半ば放置されるという事態が起きている。森は、まさに波乱万丈の歴史をたどって、現在の状態に至ったのである。

もとより、広葉樹二次林はこのような歴史の影響をまともに受けた。岐阜県で私たちが調べた四カ所の二次林は、五〇〜一二〇年前に受けた撹乱の後に成立したものであった（表4—1）。その撹乱の要因には、今では見かけない軍馬の牧場造成や焼き畑があった。そのほか、人間社会の諸事情が、二次林に様々な撹乱をもたらしたことがわかった。

表に見るように、調査した二次林は、数ヘクタール規模の大きな撹乱を受けていた。これを反映して、丹生川・荘川・金華山の方形区では、樹木の年齢分布が一山型を示した。大白川のドロノキ林では、撹乱の規模こそ小さかったが、やはり年齢分布は一山型を示した。これらは、現在、一斉林に近い構造を示すことがわかった。そして、撹乱の状態に応じて、それぞれ特有の樹種構成と年齢分布を持つ森林に育った。

第1章に示したように、大住（二〇一八）は二次林の「高木林化」が起こっていると述べている。彼のいう高木林化とは、森林が成長の途中にありサイズが大きくなっていることを指している。たしかに、日本各地で、終戦時に禿げ山だった場所が、今は立派な広葉樹林に変わったことをしばしば耳にする。はたして、現在の二次林は成長の途上にあるのだろうか。毎木調査を繰り返し行った調査地の

表4－1●本書で調べた六カ所の調査地における撹乱状態の比較

調査地		分類	顕著な撹乱要因[※1]	撹乱の規模[※1]	発生時期[※2]	直径分布型	年齢分布型
丹生川のシラカンバ林	（地点 1）	二次林	軍馬の牧場の造成	20 ヘクタール	50 年前	L 字型	一山型
荘川の落葉広葉樹混成林	（地点 2）	二次林	炭焼き、焼き畑	数ヘクタール	100 年前	L 字型	一山型
金華山の常緑広葉樹林	（地点 3）	二次林	明治〜昭和の社会事情	数ヘクタール	120 年前	一山型	一山型
大白川谷のドロノキ林	（地点 4）	二次林	大白川谷の氾濫	20〜70 平方メートル	50 年前	L 字型	一山型
御嶽山の常緑針葉樹林	（地点 5）	原生林					
P−1（トウヒ・コメツガ林）			伊勢湾台風の風害	2940 平方メートル	（21 年前）	一山型	不明
P−2（シラベ・アオモリトドマツ林）			樹木の立枯れ	14〜114 平方メートル	（1 年前）	L 字型	不明
P−3（伐採跡地）			江戸期の自然撹乱	2120 平方メートル	200 年前	L 字型	一山型
大白川のブナ林	（地点 6）	原生林	白山の噴火	>9963 平方メートル	350 年前	L 字型	不明

表の括弧内に示す地点番号は、口絵（図 1－20）の地図上に示した番号に一致する。
※1：本文参照　※2：調査時からの年数。P−1 と P−2 の撹乱発生時期は林分単位ではなく、林冠ギャップ単位の年数を示した。

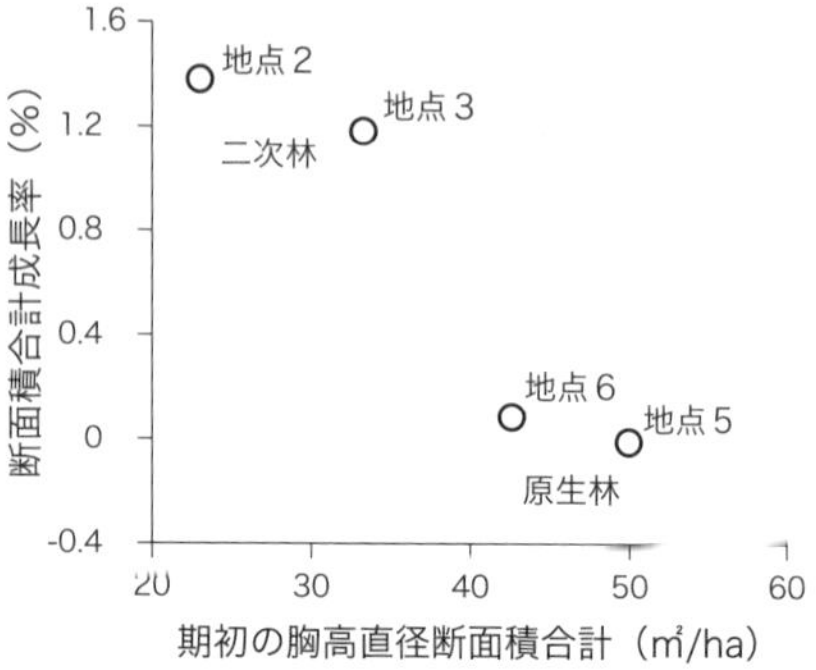

図4-1●方形区で調べた樹木の１年あたり断面積合計成長率

地点２：荘川の落葉広葉樹混成林（1983～2012年）、地点３：金華山の常緑広葉樹林（1989～2004年）、地点５：御嶽山の常緑針葉樹林P－2（1980～2005年）、地点６：大白川のブナ林（1993～2015年）

データを使って、冒頭にある一番目の疑問「二次林は成長の途上にあるのか」に答えてみよう。

森林の断面積合計とその成長率の関係を調べた（図4―1）。成長率は、胸高断面積合計の期間内における増分を、期初の胸高断面積合計で割った値とした。調査期間は、岐阜市金華山の一五年間が最短で、他の調査地は二二年から二九年間の範囲である。御嶽山P―2については、二五年間の追跡調査の結果（森ら二〇〇七 英文）にしたがった。点数が少ないこともあるだろうが、結果はグラフから一目瞭然である。二次林である荘川の落葉広葉樹混成林（地点2）と岐阜市金華山の常緑広葉樹林（地点3）では、一年あたりの断面積合計成長率が一・〇%以上と高かったのに対して、比較した原生林二カ所（御嶽山のシラベ・アオモリトドマツ林（地点5）と大白川のブナ林（地点6））では成長率がほぼゼロ%であった。たった二点ずつのデータではあるが、私たちが調べた広葉樹二次林は成長を続けていることがわかった。

この結果は、前述の大住の見解を支持している。過去に行われていた生業がほとんど姿を消し、林業なども勢いをなくした現在で、放置された広葉樹二次林の多くは現存量を増やしている最中なのだろう。岐阜近辺の山を見ても、大きく育った広葉樹二次林が目に付くようになった。大勢として、現在、日本の二次林は成長の途上にあると考えられる。

二番目に掲げた疑問は、時間が経過すると「二次林は原生林に回帰するのか」だった。中静・山本（一九八七）は、撹乱の「再来間隔」（次の撹乱までの平均時間）と「交代期間」（調査面積相当の場所が撹乱を受けるのに要する時間）および森林の「成熟時間」（植生が成熟する時間）、これら三者の関係が森林の姿を決めるとした。二次林では、撹乱の原因により規模が大きく変わるので、交代期間をひとつに特定するのは容易ではない。そこで、再来間隔と成熟時間を使って林分の状態を考えると、放置下にある現在の二次林では、再来間隔が成熟の時間より長くなっている可能性が高い。これが一つの原因となって、次の撹乱が来るまでの間、二次林の森林サイズが増加していることが考えられる。

森林サイズの増加は、広葉樹二次林が原生林に戻るひとつの条件となろう。しかし、条件はこれだけではない。原生林に戻るためには、それを構成する樹種が充分に存在しなくてはならない。林冠を構成する長命な樹種群が存在しないと、広葉樹二次林は長い期間をかけて成熟することもできないだろう。

これに関連して、荘川村六厩の二次林調査地で行った研究では（第2章2節）、当初の撹乱時に存在した樹種群がそれ以降の森林を形成していくことがわかった。そして、新しい森林では、遷移初期種と後期種が時間とともに入れ代わっていく耐性モデル（第1章2節）のような現象が見られた。つまり、前代の森林から樹種を引き継ぐこと、多様な樹種が存在すること、それらが広葉樹二次林の成熟にとって重要だと考えられる。もし、「樹種の喪失」が大規模に起こると、時間が経っても広葉樹二次林は原生林に戻り様がなくなってしまう。このように、二番目の疑問に対する答えは否定的である。

2 原生林の動態を調べてわかったこと

三番目に掲げた疑問は、「原生林は常に変わらない姿を保ち続けるのか」だった。少し復習すると、私たちは、この疑問を森林に存在するギャップの規模と分布から解こうとした。いつも小撹乱が生じる場合は森林が常に変わらない姿を保つ可能性を持ち、大撹乱が不定期に生じる場合は森林が一気に変わる（図3—6）。これら二つのケースが考えられるのだが、いったいどちらなのだろう。

撹乱の規模とそれをもたらした要因を目安にして、四地点で調べた原生林の状態を検討してみよう。原生林に設けた方形区で、撹乱の規模が最も小さかったのは御嶽山の亜高山帯林のP—2方形区であった（表4—1）。この平坦地のシラベ・アオモリトドマツ林では、樹木個体の死亡により一四〜一一四平方メートルの規模で撹乱が発生していた。これは立ち枯れで死亡した上木の樹冠面積にほぼ相当する。この森林では、持続的な構造があるいは成立しているのかもしれない。ただし、林分の年齢分布の情報はここでは取れなかった。

一方、撹乱の規模がおそらく最も大きいのは大白川のブナ原生林で、方形区より広い面積（九九六三平方メートル以上）が過去に白山の噴火の影響を受けた可能性がある。いささか大胆な推察になるが、もし広大な面積が三五〇年前の噴火の影響を強く受け、しかも当時が低温期にあたるせいで多くの樹木群が死亡していたとしたら、これは森林が一気に変わった例となるだろう。また、御嶽山のトウヒ・コメツガ林P―1方形区およびネズコ・コメツガ林の皆伐跡地のP―3方形区では、撹乱の規模が二一二〇から二九四〇平方メートルであった。これらの方形区は転石地にあったが、いずれの場合も大撹乱のケースに相当すると考えられる。

こうしてみると、四カ所の方形区の中で、小撹乱で維持されている可能性を持つ原生林は、御嶽山の平坦地にあるシラベ・アオモリトドマツ林だけであった。この場所とて、小さなギャップから、しかも高い林冠から入射する光が、高木になるまで前生樹に充分な成長量を与えるかは疑問であった。残りの原生林は、規模の大きな撹乱を経験して、森林の構造が一気に変化していた。どうやら、すべての原生林が常に変わらない姿を保つというのは神話であったようだ。

神話といえば、原生林に存在する「巨大高木」のことを思い出した。巨大高木とは、他と比較して

図4-2●混交フタバガキ林の巨大高木
写真中央の巨大高木は、林冠から頭が突き出ており、他の熱帯樹を圧倒する80メートルの樹高を誇る。（ボルネオ島、1994年撮影）

飛び抜けて大きいサイズの樹木のことを指す（四手井 一九八五）。亜高山帯林のトウヒやコメツガ、冷温帯ブナ原生林のミズナラがそれにあたる。熱帯雨林にも、フタバガキ科やマメ科樹種などの巨大高木がいる（図4―2）。世界中に存在する巨大高木のほとんどは、陽性の長命樹種である。一般に、陽性の樹種は、規模が大きいギャップの下でのみ旺盛に成長することができる。したがって、巨大高木の存在は、過去に原生林が大撹乱を受けた可能性を示すのかもしれない。一部の原生林は多世代住宅に似た構造を持つようだ。

以上のことから、「原生林は常に変わらない姿を保ち続けるのか」という疑問に対する答えは否定的であった。だが、これを明言するにはまだ至らないだろう。本書では、原生林における樹木個体群や群集の維持機構そのものを調べたわけではない。それに、この疑問には「二次林と比較して」という意識が働いていた公算が高い。ひょっとすると、森の変化が人間の眼にどう映るかは、原生林の本質とは別次元の問題なのかもしれない。つまり、二次林と原生林、小撹乱と大撹乱、このような二項対立による分析方法は、短い人間の時間の中では有効であろうが、長い森の時間の中ではほとんど無力になることも考えられる。森の懐はものすごく広いのだ。

3 波乱は繰り返し訪れる

そうはいっても、最近の二次林の変わり様はあまりにすさまじい。現代社会の森には、気象による撹乱や人による伐採とは異なり、今までにない波乱が生じている。「森林の分断化」・「病虫害の蔓延」・「野生動物による加害」・「阻害種による停滞」がそれである。私たちは、これらがどういうものか知る必要がある。

「森林の分断化」とは、生物の生育場所の一部が失われて小さな断片の集合体となることを指す（富松 二〇〇五）。森林の分断化が起こると、個々の生育場所が小さくなり、他から孤立する状態となる。花粉による遺伝子の移動が制限され、種子繁殖の低下と自殖が起こり、時には集団の存続性が損なわれる（菊池 二〇一六）。ただし、長距離の送粉や樹木等の長い生存期間が、分断化の効果を限定的なものにすることもあるそうだ。

図4－3●森林の分断化
広葉樹二次林がスギの拡大造林地で分断されている。それぞれの森林は、互いに半ば隔離されている。（岐阜県高山市清見町、2021年撮影）

分断化の存在は、近傍の山を観察するとすぐわかる（図4―3）。どこの山でも、落葉広葉樹林の傍らにスギやヒノキの人工林があり、それらも道路や町、ときにはゴルフ場やスキー場で分けられて、土地に縞模様ができている。原科ら（一九九九）によると、中部地方の森林域自体は総体としてあまり分断化されていないという。しかし、原生林・二次林・人工林に森林を区分して考える場合は明らかに状況が違う。原生林は二次林と人工林によって分断され、二次林自身も別の二次林と人工林によって分断されているのが実情である。

森林の分断化は、社会的な経緯で生じたので、その影響を取り除くのは容易ではない。不成績造林地（第1章2節）が広葉樹二次林を分断している場合は、それらを広葉樹林に戻すことで問題は解決の方向に進むだろう。しかし、所有者はそれぞれの造林地に経済的な思い入れを持ち、それを広葉樹林に変えるのに躊躇がある。広葉樹林に戻す際にも、どんな林型に導いたら良いのか、それにはどんな技術がいるか、苗を植栽した場合に野生鳥獣の食害をどう防ぐかなど、現場では様々な問題が起こる。

つぎに、「病虫害の蔓延」とは、昆虫と樹病によって樹木が受けた被害を指す。この被害は、森林が単調化することで広域かつ大規模なものとなる。たとえば、マツノザイセンチュウ（外来種）の伝播による「松枯れ」は、世界四大樹病のひとつに数えられている。[注14] 一九〇〇年の初頭に九州でアカマツ・クロマツの集団枯損と思しき報告があった後に、その被害は昭和初期までに西日本各地に広がり、年を追って本州を北上した（中村 二〇二〇）。その結果、日本の松林は急速に衰退した。ひところ、林学会の保護部門では、研究発表が松枯れ問題に集中していたことを覚えている。地力が低いところでは植生回復のための治山事業も行われた。しかし、その被害を人間の手で食い止めることは難しく、荒廃したアカマツ林跡地が全国に広がった。この跡地の多くは、現在、広葉樹林に変わっている。

他の昆虫害として、岐阜県の広葉樹林では、一二の樹木種に対して四〇種あまりの昆虫類の加害が報告されている（野平・大橋 一九九六）。目を引くのが、いわゆるナラ枯れとマイマイガの被害である。ナラ枯れは、カシノナガキクイムシという甲虫とそれが媒介する病原菌の組み合わせで発病し、とくにナラ類のブナ科樹種の大木を枯らす。ナラ枯れの被害は、一九九八年頃に岐阜県の南西部の一部でしか見られなかったが、徐々に東の方に移っていき、同時に日本海側からも南下し、二〇〇七年頃には飛騨地方の北部で見られた（大橋 二〇〇八）。様々な防除が行われているが、被害はその後も進行している。昆虫外来種の侵入は、今度も続くことが予想されるため注意が必要である。

図4-4●ニホンカモシカ
高山市荘川町にて。（2004年撮影）

さらに、「野生動物による加害」として、ニホンジカ・ニホンカモシカ・ニホンイノシシ・ツキノワグマの個体数が増加し、これらが樹木や農作物を食害することが問題になっている（図4―4）。人が山へ入らなくなり、狩りをしなくなったためともいわれるが、とくにニホンジカの影響は甚大である。京都府の芦生研究林ではニホンジカが増加してササ類が全滅し、オオバアサガラ・クサギなどいわゆる不嗜好植物が残るようになったという（渡辺 二〇二一）。岐阜県で、ニホンジカの個体数は二〇一四年に一一万五〇〇〇頭とピークをなした。農林業被害を減じるために、年間の捕獲数一万五〇〇〇頭を当面の目標にして、ニホンジカ個体群の管理を行っている。最近、農林業被害は防除法が進んで減少したが、下層植生の食害は油断できない状態にある。

「阻害種による停滞」とは、クズ、ササ・タケ類などがはびこって、高木の成長が停滞することをいう。これは、第1章2節で述べた遷移過程の「阻害モデル」に相当する。若い広葉樹二次林では、つる植物の繁茂がとくに目に付く。ツル切り作業などして排除しないと、林冠がつる植物の葉で覆われてしまう。また、管理放棄されたモウソウチク林が周囲の二次林へ侵入する竹林の分布の拡大が大きな問題となっている。

以上のように、森には新たな波乱が繰り返し押し寄せている。人間の時間で考える私たちにとって、二次林の姿は変転きわまりないものに見える。また、森の時間で考えても、原生林といえども変転を繰り返していることがわかった。時間の長短にかかわらず、すべての森は変転するという実態を持つ。

日本の国土の約七割は森林である。私たちは否応なしに森林に依存して生きている。ともすると、私たちは、変転する森に対して安定した生産や環境の場を期待する。そして、必要に応じて強い力を森林に加えてきた。いくつかの森林問題は、こんな変転の実態と安定への期待の齟齬から生じたものだ。森林の本質がわからないままに、問題が生じた部分だけに応急措置を施すと、時として問題はさらに複雑なものになる。とくに経済性だけに捉われると、それを技術論で一時的に解決したとしても、長期的にはどこかで人間社会に波乱が起こり、それを森の来歴に刷り込むだけのことになる。前述の不成績造林地などは、その最たる例であろう。人間の処置が、次の波乱を生物世界にもたらさないよう充分に注意しなければならない。

本書が示すように、基礎科学は地味で時間のかかる作業であるが、客観的な視野を持って森のことを深いところまで解き明かしていく。森の来歴を調べてわかったのは、森にはきわめて多くの作用が働いていることである。作用の主体をなす生物や環境がさらに複雑な交互作用を引き起こし、その結果として、森をはじめとする生物世界は常に変転する。こんな中で生きる人間にとって、生物世界が将来どのような姿に変わっていくか、それはどんな作用によるのか、それらのことを理解し適正に処置するのはきわめて大切な事項になろう。ともすると、人間は自らが生物世界の一員であることすら忘れてしまう。回りくどいことを言うようだが、もう一度、生物世界のことやそれが維持されている仕組みに思いをはせ、それが極端な姿に変転しないよう心がけることが重要であろう。

とくに、人の流れを絶やさないようにすることが大切だ。本書を書き終えて、私たちの研究室で専好生が好奇心に眼を輝かせて活躍した場面をいくつも思い出した。彼らがいるその時に謎解きの心が育まれ、多くの研究成果が稔り、生物世界への理解と敬愛が深まった。人間社会は、こんな人物を養成する仕組みを確保しておかねばならない。そのことが、生物世界に対する理解を深め、人間が安住できる環境の在り方を教えてくれるに違いない。

おわりに

森鴎外は、明治の東京で、空をゆく雁の音を歌に詠んだそうだ。今とは隔世の感がある。本書で森の来歴を分析したところ、二次林も原生林も過去に大きな撹乱を受けた来歴を持ち、その波乱を起点にして新しい森林が形成されていることがわかった。森の姿も変わり続けていたのだ。まさに、時の流れは絶えずして、そこに浮かぶ森は消えたり結び合ったりして、その姿を変えて留まるところを知らない。万物は流転するのだから、永遠に変わらない生物世界の姿を求めることは、方丈記がいう「あはれ無益の事かな」となるだろう。

生物世界の中に人間は安住の地を求めるが、これは終わりのない物語かもしれない。本書を書き終えて、つくづくそう思った。そして、こうも思った。人間は物質文明に浸るあまり、自分が生物世界に棲むことや、自らも生物であることすら忘れかけているのではないだろうか。まさにこのことが、森林問題の根底に横たわっていると思われる。

「ああ　このいろいろのもののかくされた祕密の生活　かぎりなく美しい影と不思議なすがたの重なりあふところの世界　月光の中にうかびいづる羊齒　わらび　松の木の枝　なめくぢ　へび　とかげ類の無氣味な生活　ああ、わたしの夢によくみる　このひと住まぬ空家の庭の祕密と　いつもその謎のとけやらぬおもむき深き幽邃のなつかしさよ。」（萩原朔太郎『青猫』より）

もとより自然には万人様々な切り口がある。どのような切り口であろうとも、この詩人のように、目前の生物世界で起こっている物語を、自分の眼で確かめる心はとりわけ重要である。このことに筆者らは途方もない苦労をしたが、その動機はこの詩人とまったく同じであったと思う。森と生物を大切に思う心、不思議さへの憧れ、そして好奇心がそうさせたのだ。

自然の管理は技術論だけではできない。小さな事象で良いから、自然が奏でる音楽を自ら分析し、その経験を核にして知識を深める努力が必要になる。これは実に時間のかかる行為で、いかにも悠々たる処置に見える。しかし、あせらずに地に足をつけて進むことが肝要である。私たちは、もっと生物世界のことを考えて行動しなければならない。人間は、一つの生物種にすぎず、地球の来歴が形成した生物世界に身を置いて生きているのだから。人間の価値観にお構いなく、生物世界は姿を変え続けている。私たちは、このような生物世界に置き去りにされないよう努めなければならない。この先、森と人の世が百年も千年も続くことを願っている。

謝辞

　思い起こすと、私が岐阜大学に赴任した時に、地球にあるすべての森林のことを調べる願いを抱いていた。精一杯努力したけれど、これだけの事例に終わった。ただ、どの森林にも不思議な出会いがあり、そのおかげもあって皆の好奇心が刺激された。奔放な研究活動を許してくれた古き良き時代の大学、調査を受け入れて下さった地域の皆様、私たちを支えてくれた家族、そして御指導と協力をくださった恩師と先輩の先生方、本文に書かなかった方も含めて研究室のすべてのメンバーに感謝する。あっという間の四〇年であった。

　なお、本書を武田博清博士（京都大学名誉教授、森林生態学）、大塚俊之博士（岐阜大学教授、森林生態学）ならびに岩澤　淳博士（岐阜大学教授、地域協学センター兼務）に査読していただき、数々の貴重なご意見を賜った。岐阜大学の片畑伸一郎博士と位山演習林の都竹彰則氏ならびに青木将也氏には、貴重な写真を提供していただいた。また、岐阜県林政部には森林・環境基金の関係部分の文章にご意見を賜った。鈴木哲也氏をはじめとする京都大学学術出版会には、本書の出版に関してお世話になった。とくに編集室の永野祥子氏には懇切丁寧な指導を受け、本書の文脈を明快にしていただいた。ここに厚く御礼申し上げる。

令和五年六月七日　著者と研究室を代表して

小見山　章

注釈

（注1）森林の階層構造

森林を構成する樹木が、垂直方向に成層をなして分布する様子を言う。熱帯雨林で最も発達するとされ、そこには巨大高木層─高木層─亜高木層─低木層─草本層などが存在する。緯度が高くなると階層の数が減る傾向がある。この階層構造は、一つの土地に多様な環境をもたらしている。光環境では、上部の層で明るく、下部に移ると暗くなる。この違いが、様々な生物の暮らしを支えている。階層構造の成因にはいくつかの説があり、樹種が成熟した時のサイズの差で生じるとする説や、樹種間の成長の差を反映するという説、上層の葉群間から距離をとることで葉層の光合成活動を活発にするためなどがある。これらの要因が複合しているとも考えられ、統一的に成因を説明できる説はない。

（注2）絞め殺し植物

この奇妙な名称を持つ植物は、他の樹木の枝上で発芽し、その位置から蔓状の気根をホスト樹木の幹に沿って下ろす。この気根は、ホスト樹木の幹を抱くように成長し、ついにはその表面をすべて覆ってしまう。この時点で、ホスト樹木は、衰弱するか死亡する。ホスト樹木の幹の腐朽が進むと、その部分が中空になることがある。この一連の過程を、絞め殺しという動作に例えたものである。このような生活形は、熱帯林のクワ科植物などに多い。日本ではアコウやガジュマルを暖地の沿海部で見ることができる。

（注3）振袖火事

明暦の大火（一六五七年）ともいう。この火事で、当時の江戸のおよそ六割が消失したという。一説によると、大火の後、街の復興に木曽の山林で伐採した大量の木材が使われたという。ちなみに、これと明和の大火（一七七二年）および文化の大火（一八〇六年）を合わせて、江戸の三大大火と呼ぶそうだ。この中で振袖火事は最も大きかったという。これらのほかにも江戸では火事が数十年間隔で繰り返し起こり、その都度、町の復興に大量の木材を必要とした。

（注4）燃料革命

ここでは、家庭における燃材の移行のことを指している。1950年代までは、家庭で使用する燃材の主流は、森林で採取した薪や木炭であった。それ以降に、主流が石油・ガス・電気に変わった。昔の家庭の暖房は、炭によることが多かったのである。この燃料革命が一つのきっかけになって、炭焼きが廃れた。これから山村の衰退がはじまったともいわれる。

（注5）国有林

中央官庁の林野庁が主に管轄する国が所有する森林のこと。時には、林野庁の組織通称としても使われる。国有林のほかには、地方公共団体が管轄する公有林と、個人が所有する民有林がある。国有林は全森林面積の約三割を占めており、国立公園や保安林ではそれらの約半分の面積を管轄している。現在、九州・沖縄から北海道まで、林野庁は国有林の管轄のために七カ所の局を置いている。局の下部組織には、森林管理署等がある。岐阜県の国有林は、長野市に本拠を持つ中部森林管理局に管轄されている。なお、局再編以前には、名古屋市に本拠があった。私たちが御嶽山や大白川で調査を行った時は、名古屋市の本拠地にお邪魔した。

（注6）葉による樹種の判別

広葉樹の樹種を判別する時に、最も頼りになるのは葉の形態である。広葉樹の葉の基本構造は、葉身と葉柄と托葉からできている。葉身の基部のことを葉脚と呼び、先端のことを葉頭と呼ぶ。葉脚の形態は、ハート形、くさび形、楕円形などに区分され、葉頭の形態は尖頭、鋭尖頭、鈍頭などに区分される。葉身全体の形態は、円形・楕円形・卵形（卵を立てた形）・倒卵形などに表現される。葉身には葉脈が走り、主脈（中肋）から支脈が分かれる。葉脈が葉縁に達すると、葉の縁に鋸歯ができることがある。鋸歯の形態は、重鋸歯・単鋸歯・全縁などに表現される。葉には単葉と複葉といった違いもある。葉の裏に種類の違いがあらわれるものも多い。他にも、葉の各部の形態を示す様々な用語がある。これらを使って、葉の形態を植物学的に表現することができる。葉の形態を見分けることは、樹木の種を識別する時に重要な手段となる。針葉樹は広葉樹より葉の形態の違いが小さいものも多く、枝への葉の付き方、樹形や樹皮なども参考にしながら、判別することも多い。樹木の種類がわかるようになると、森林のことも少しはわかるようになるものだ。かつて、大学の林学教室には樹木実習というトレーニングの場があり、大学周辺の山に出かけては樹木の判別を行っていた。今も、岐阜大学応用生物科学部では行われている。

（注7）切り妻造りと入母屋造り（屋根の形）

切り妻造りの家屋の屋根は、その頂辺から地上に向かう二枚の屋根面で構成されている。まさに、手のひらを重ねた合掌の形である。白川村の合掌造りは、優美な屋根を誇っている。これは豪雪に強い形であるのかもしれない。一方、入母屋造りの家屋は、屋根の上部が切り妻形をなし、その下部が四方に張り出した寄棟構造をなす。したがって、全体としてみると、複合した屋根面が四方向に向かう形になる。荘川村には、寄棟式入母屋造りの合掌家屋があった。

（注8）宇治川の先陣争い
『平家物語』に書かれた武士と馬の誉れに関する逸話。1184年、治承・寿永の乱で坂東武者が宇治川を渡って京都に攻め込む時に、池月（いけづき、生食などとも書く）と磨墨（するすみ）という二頭の名馬が先陣争いで活躍した。結局、池月の方が先に対岸に着いたそうである。磨墨は岐阜県の明宝産、池月は丹生川産ともいわれるが、様々な地域に産地としての伝承が残っている。宇治川は、京都市の東部を流れる川で、琵琶湖が水源である。

（注9）伏条更新
樹木の繁殖には種子繁殖と栄養繁殖がある。伏条更新は、挿し木などと同様に栄養繁殖の一つの形態である。多雪地にあるスギでは、雪圧で下部にある枝が地面に押し付けられ、そこから発根することがある。発根した枝は、しだいに独立性を増し、親木から分かれて独立した個体に育つ。このような伏条更新は、スギに限らず東北地方のヒバや高山帯のハイマツやなどでも見られる。積雪に対応した樹木の繁殖形態のひとつと考えて良いだろう。

（注10）庄川流木事件
大正時代のこと、庄川沿いに暮らす富山県の住民が、小牧ダム建設による流路の遮断に生活面の不安を抱いたことに端を発する。彼らは、不安を取り除くべく富山県に窮状を陳情した。後に、木材業者の飛州木材（株）が県知事を相手に、木材の河川流送権をめぐって訴訟を起こした。つまり、電源開発に関わるダム開発と、地域住民の生業がぶつかり合った事件である。

（注11）付加体
プレートテクトニクスにしたがい、海洋のプレートが陸地のプレートの下に沈んでいく時に、堆積物がはがれて大

陸プレートに付け加わることがある。地質学ではこれを付加体と呼ぶ。現在の日本列島の土台は、広く付加体で覆われているとされる。岐阜市金華山の山塊の大元は、付加体の一部が盛り上がったもので、赤道の海から二億年以上かけて日本の近海にまで運ばれてできた。その基岩はチャートで、海底に棲む放散虫が作った珪酸塩が堆積してできている。金華山の山稜の部分には、縞模様の付いたチャートが露出している。

（注12）治山ダム

山地の荒廃を防ぐ目的で、渓床や渓岸を保全するために設置された堰堤のことをいう。治山ダムの主目的は渓流域の土砂移動を防ぐことにあり、山地の安定を図るためと考えてよいだろう。第2章の大白川谷の場合、国有林における治山事業の一環で治山ダムが管理されていた。このように治山ダムは主に森林の保全に関係する堰堤であるのに対して、類似の機能を持つ砂防ダムは人命や暮らしを土砂災害から守るための堰堤である。

（注13）マウンダー極小期

ガリレオ望遠鏡の発明により、太陽黒点の観測が古くから行われていた。一六四五年から一七一五年のマウンダー極小期は、黒点数が著しく少なくて太陽の磁気活動が弱まった時期にあたるとされる（増田ら 二〇〇七）。特定の気象的機序が働いて、この時期の日本は冷夏と悪天候が続いて、小氷期のような状態であったそうである。これが、飛騨の地等を襲った延宝飢饉（一六七四〜七五年）を起こした原因と考える者もいる。この時は、夏季の天候不順（長雨）により凶作となり、飛騨で多数の餓死者が出たという。

（注14）世界四大樹病

北米における「五葉マツ類発疹さび病」と「クリ胴枯病」、欧州・北米等における「ニレ立枯病」、そして日本・アジア等における「マツ材線虫病」を世界四大樹病と呼ぶ。マツ材線虫病は、いわゆるマツ枯れのことである。以前は三つが世界三大樹病と呼ばれていたが、これにマツ材線虫病が加わって世界四大樹病となった。いずれも、外来の病原が侵入したことが蔓延のきっかけとなった。病原に対して弱い抵抗力しか持たない在来の樹木は、病気に感染しやすく、罹患した樹木の多くが病死してしまった。

索　引

【事項索引】

■サ行

■タ行

【生物名索引】

【地名索引】

引用文献

（ABC 順、初出箇所、卒業論文と修士論文は岐阜大学所蔵）

はじめに及び第 1 章

有本信昭（2010）「風土保全と農林業の振興」、小見山章編『森の国の風土論』、地域自然科学研究所、111–129.

Chiba Y. (1998) Architectural analysis of relationship between biomass and basal area based on pipe model theory. Ecological Modelling 108, 219–225.

Connnell J. H. and Slatyer R.O. (1977) Mechanisms of succession in natural communities and three role in community stability and organization. The American Naturalist 111, 1119–1144.

Egler F. E. (1954) Vegetation science concepts. I. Initial floristic composition, a factor in old-field vegetation development. Vegetatio 4, 412–417.

岐阜県（2020）『清流の国ぎふ森林・環境基金事業成果報告書』、岐阜県林政部、106pp.

岐阜県（2022）『清流の国ぎふ森林・環境基金事業成果報告書』、岐阜県林政部、107pp.

岐阜県林政部林政課（2022）『令和 2 年度岐阜県森林・林業統計書』、148pp.

岐阜県植物誌調査会（2019）『岐阜県植物誌』、文一総合出版、934pp.

畠山　剛（2005）「近代における森林利用の変容：ムラと森の関係史」、大住克博・杉田久志・池田重人編『森の生態史：北上山地の景観とその成り立ち』、古今書院、175–189.

服部　保・南山典子・岩切康二・栃本大介（2012）照葉樹林帯の植生一次遷移：特に桜島の溶岩原について．植生学会誌 29、75–90.

今井勇一（2005）『岐阜市金華山の森林形成史』、平成16年度修士論文.
石川県林業試験場（2005）スギの長伐期施業：資源の安定と機能の向上を目指して．石川の森林・林業技術 No.7、23pp.
梶本卓也・宇都木玄・田中　浩（2016）低コスト再造林の実現にコンテナ苗をどう活用するか：研究の現状と今後の課題．日本森林学会誌 98、135–138.
釜田淳志・安藤正規・柴田叡弌（2008）樹種選択性、選好性樹木の分布および土地利用頻度からみた大台ケ原におけるニホンジカの樹木剥皮の発生．日本森林学会誌 90、174–181.
上條隆志・廣田　充・川上和人（2019）2019年における西之島の植物・植生・土壌．小笠原研究 46、69–77.
河野裕之（2013）森林計画制度に基づくゾーニングと自然林の再生．景観生態学 18、83–88.
菊沢喜八郎・浅井達弘（1979）日高地方における広葉樹林の林分構造と生長量．北海道林業試験場報告 No.16、1–17.
岸本定吉（1976）『炭』、丸ノ内出版、219pp.
吉良竜夫（1948）温量指数による垂直的な気候帯のわかちかたについて．寒地農学 2、143–173.
吉良竜夫（1963）原生林保護の必要とその生態学的意義．日本生態学会誌 13、67–73.
小見山章（1991）落葉広葉樹の幹肥大成長の開始・休止時期と着葉期間の相互関係、およびそれらに関係する環境要因．日本林学会誌 73、409–418.
小見山章（2000）『森の記憶：飛騨・荘川村六厩の森林史』、京都大学学術出版会、239pp.
小見山章編（2010）『森の国の風土論』、地域自然科学研究所、151pp.
小見山章・荒井　聡・加藤正吾編（2012）『岐阜から生物多様性を考える』、岐阜新聞社、202pp.
小見山章・水崎貴久彦（1987）荘川広葉樹総合試験林における1986

年5月27日の晩霜害について．日本林学会中部支部大会論文集35、131–132.
Komiyama A., Kato, S., and Teranishi, M. (2001) Differential overstory leaf flushing contributes to the formation of a patchy understory. Journal of Forest Research 6, 163–171.
松田之利・谷口和人・筧　敏生・所　史隆・上村恵宏・黒田隆志（2000）『岐阜県の歴史』、山川出版社、292pp.
森本仙介（2011）「奈良県吉野地方における林業と木地屋」、湯本貴和・大住克博編『里と林の環境史（シリーズ日本列島の三万五千年：人と自然の環境史3）』、文一総合出版、129–150.
中静　透（2004）『森のスケッチ』、東海大学出版会、236pp.
中静　透（2018）「森林の変化と生態系サービス」、中静　透・菊沢喜八郎編『森林の変化と人類』、共立出版、211–244.
中静　透・菊沢喜八郎編（2018）『森林の変化と人類』、共立出版、268pp.
新潟県森林研究所（2018）スギの地位指数推定スコア表について．林業にいがた2018年3月号.
荻野和彦（1989）森林の遷移、『森林生態学（堤利夫編）』、朝倉書店、166pp.
大住克博（2018）「日本列島の森林の歴史的変化」、中静　透・菊沢喜八郎編『森林の変化と人類』、共立出版、68–123.
大住克博（2005）「人為撹乱と二次的植生景観：草原と白樺林」、大住克博・杉田久志・池田重人編『森の生態史：北上山地の景観とその成り立ち』、古今書院、54–72.
大住克博・杉田久志・池田重人編（2005）『森の生態史：北上山地の景観とその成り立ち』、古今書院、221pp.
小野涼子・小見山章・加藤正吾（2004）モミの分布域を規定する環境因子の検出．第115回日本林学会大会学術講演集、466p.
林野庁（2014）『平成25年度森林・林業白書』、24–35.
佐々木尚子・高原　光（2011）「花粉化石と微粒炭からみた近畿地方

の様々な里山の歴史」、湯本貴和・大住克博編『里と林の環境史（シリーズ日本列島の三万五千年：人と自然の環境史 3）』、文一総合出版、19–35.
佐々木高明（1972）『日本の焼畑：その地域的比較研究』、457pp、古今書院.
清和研二（2018）「森林の変化と樹木」、中静　透・菊沢喜八郎編『森林の変化と人類』、共立出版、127–170.
四手井綱英（2006）『森林はモリやハヤシではない：私の森林論』、ナカニシヤ出版、277pp.
荘川村史編纂委員会（1975）『荘川村史　上下』、757, 577pp、岐阜県荘川村.
Tagawa H. (1964) A study of the volcanic vegetation in Sakurajima, south-west Japan. I. Dynamics of vegetation. Memoirs of the faculty of science, Kyushu University, Series E, 3, 166–229.
武田博清（1996）生態遷移の概念と遷移過程の類別.『森林生態学（岩坪五郎編）』、文永堂出版、306pp.
徳川林政史研究所（2012）『森林の江戸学：徳川の歴史再発見』、294pp、東京堂出版.
生方正俊（2006）保存コレクションシリーズ：スギの地域品種. 林木遺伝資源情報 61、2pp.
宇江敏勝（1988）『昭和林業私史：わが棲みあとを訪ねて』、245pp、農山漁村文化協会.
山本　光（1958）『林業史・林業地理』、明文堂、253pp.
山中二男（1979）『日本の森林植生』、築地書館、219pp.
湯本貴和・大住克博編（2011）『里と林の環境史（シリーズ日本列島の三万五千年：人と自然の環境史 3）』、文一総合出版、284pp.
湯本貴和・大住克博（2011）「森林から林、そして里」、湯本貴和・大住克博編（2011）『里と林の環境史（シリーズ日本列島の三万五千年：人と自然の環境史 3）』、文一総合出版、11–16.
渡辺弘之（2021）『芦生原生林今昔物語：京都大学芦生演習林から研

究林へ』、190pp、あっぷる出版社.
Watt A.S. (1947) Pattern and process in the plant community. Journal of Ecology 35, 1–22.

第 2 章

安藤正規・鍵本忠幸・加藤正吾・小見山章（2016）落葉樹林の林冠構造がヤドリギの分布に与える影響．日本森林学会誌 98、286–294.
岐阜ファッション産業連合会 Web サイト、岐阜アパレルの歴史、https://gifufashion.com/history/（参照：2023 年 6 月 15 日）.
岐阜県（1987）『岐阜県林業史　下巻（近代編）』、岐阜県、828pp.
岐阜県（2003）『岐阜県史　通史編　続・現代』、岐阜県、991pp.
岐阜市（1981）『岐阜市史　通史編　現代』、岐阜市、1070pp.
市川健夫・斎藤　功・白坂　蕃（1981）ブナ帯文化の諸相．1-8、『特集：ブナ帯文化論』、古今書院.
狩野光弘（1995）『シラカンバ二次林の動態』、平成 6 年度修士論文.
近藤大介（2005）『冷温帯の河畔林におけるドロノキとオオバヤナギの微地形による分布の違い』、平成 16 年度卒業論文.
松村　学（2005）『岐阜市金華山におけるツブラジイ林の形成史』、平成 16 年度卒業論文.
中川雅人（2013）『落葉広葉樹二次林の林分構造と経年変化』、平成 24 年度修士論文.
根岸秀行（2016）戦後岐阜の引揚者集団における住宅開発：ヤミ市から産業集積への一過程．富山大学人間発達科学部紀要 10、221–234.
根崎浩和（1993）『シラカンバ林の林分構造とその形成過程』、平成 4 年度卒業論文.
新山　馨（2002）「河畔林」、崎尾　均・山本福壽編『水辺林の生態学』、東京大学出版会、61–93 .
荻久保嘉章・根岸秀行（2003）『岐阜アパレル産地の形成：証言集・

孵卵器としてのハルピン街』、成文堂.
小椋純一（2011）絵図からみる江戸時代の京都盆地の里山景観.『里と林の環境史』（湯本貴和編）第3章、63–88、文一総合出版.
大野郡丹生川村史編纂委員会（1962）『丹生川村史』、1402pp、岐阜県丹生川村.
大瀧真俊（2016）帝国日本の軍馬政策と馬生産・利用・流通の近代化日本. 日本獣医史学雑誌 53、32–40.
酒井　昭（1982）『植物の耐凍性と寒冷適応：冬の生理・生態学』、469pp、学会出版センター.
崎尾　均（2017）『水辺の樹木誌』、東京大学出版、267pp.
崎尾　均（2002）「水辺林とは何か」、崎尾　均・山本福壽編『水辺林の生態学』、東京大学出版会、1–19.
崎尾　均・鈴木和次郎（1997）水辺の森林植生（渓畔林・河畔林）の現状・構造・機能および砂防工事による影響. 砂防学会誌 49、40–48.
Sanquetta C, R., Ninomiya I., and Ogino K. (1994) Age structural analysis of the natural regeneration process of a fir-hemlock secondary forest in southwest Japan. Journal of Japanese Forestry Society 76, 506–515.
佐藤　創（1995）北海道南部のサワグルミ林の成立維持機構に関する研究. 北海道立林業試験場研究報告 No.32、55–96.
只木良也（1984）『森と人間の文化史（NHK 市民大学）』、日本放送出版協会 137pp.
谷津繁芳（1999）『落葉広葉樹林の林分構造の変化に及ぼす食葉性昆虫の影響』、平成 10 年度修士論文.
依田恭二（1971）『森林の生態学』、331pp、築地書館.

第3章

Aramaki S. (1956) The 1783 activity of Asama volcano, Part 1. Japanese Journal of Geology and Geography 27, 189–229.

Ariya U., Hamano K., Makimoto T., Kinoshita S., Akaji Y., Miyazaki Y., Hirobe M., and Sakamoto K. (2016) Temporal and spatial dynamics of an old-growth beech forest in western Japan. Journal of Forest Research 21, 73–83.
中部森林管理局 (2003)『白山山系緑の回廊：森林へのいざない』、日本林業技術協会、35pp.
岐阜県大野郡白川村　白川村教育委員会 (2023)『白水滝　調査報告書』、105pp、岐阜県大野郡白川村.
橋詰隼人（1987）自然林におけるブナ科植物の生殖器官の生産と散布．広葉樹研究 No.4、271–290.
早川敬純（1984）『御岳の亜高山帯林における森林の形成過程』、昭和 58 年度卒業論文.
林　一六（1981）植生からみた日本のブナ帯、『特集：ブナ帯文化論』、地理 26、30–38.
市河三英・小見山章（1988）御岳山・亜高山帯常緑針葉樹林における稚樹個体群密度の年次変動．日本林学会誌 70、337–343.
Isagi Y., Sugimura K., Sumida A., Ito H. (1997) How Does Masting Happen and Synchronize? Journal of Theoretical Biology, 187, 231–239.
Janzen D. H. (1971) Seed predation by animals. Annual Review of Ecology and Systematics 2, 465–492.
梶本卓也（2002）「亜高山帯針葉樹林の更新過程と積雪撹乱イベント」、梶本卓也・大丸裕武・杉田久志編『雪山の生態学：東北の山と森から』、東海大学出版会、106–124.
亀田孝史（1982）『御岳の亜高山帯林における稚樹群の動態』、昭和 56 年度卒業論文.
加藤正吾（1995）『ブナ天然林の微環境とブナ当年生稚樹の定着過程』、平成 6 年度卒業論文.
加藤正吾・小見山章（1999）ブナ林の上層木がもたらす散光環境と下層木の分布．日本生態学会誌 49、1–10.

小見山章（1987）御岳山・亜高山帯天然林の動態（XVIII）：林内稚樹の幹形と年齢推定法の問題点、岐阜大学農学部研究報告 52、325–336.
小見山章（2017）『マングローブ林：変わりゆく海辺の森の生態系』、京都大学学術出版会、273pp.
小見山章・安藤辰夫・小野　章（1981）御岳山・亜高山帯天然林の動態（II）：上層木の枯死状況．岐阜大学農学部研究報告 45、307–321.
小見山章・大西　勝（1981）御岳山・亜高山帯林の動態（I）：林冠ギャップ内の稚樹の生長解析．第 29 回日本林学会中部支部大会講演集、61–64.
小見山章・田口　剛・石川達芳（1984）御岳山・亜高山帯天然林の動態（X）：航空写真判読による林冠の再生過程の解析．第 95 回日本林学会大会論文集、381–382.
小見山章・伊藤　力・川井麻三人（1985）御岳山・亜高山帯天然林の動態（XV）：森林型区分および地上部現存量．岐阜大学農学部研究報告 50、435–442.
小見山章・早川敬純・石川達芳（1986）御岳山・亜高山帯天然林の動態（XVII）：樹齢と林齢の分布．第 97 回日本林学会大会論文集、299–300.
Komiyama A., Konsangchai J., Patanaponpaiboon P., Aksornkoae S., and Ogino K. (1992) Socio-ecosystem studies on mangrove forests - Charcoal industry and primary productivity of secondary stands. Tropics 1, 233–242.
Komiyama A., Ong J.E., and Poungparn S. (2008) Allometry, biomass, and productivity of mangrove forests: A review. Aquatic Botany 89, 128–137.
Komiyama A., Poungparn, S., Umnouysin, S., Rodtassana, C., Pravinvongvuthi, T, Noda, T., and Kato, S. (2019) Occurrence of seasonal water replacement in mangrove soil and the trunk

growth response of *Avicennia alba* related to salinity changes in a tropical monsoon climate. Ecological Research 34, 428–439.
Komiyama A., Poungparn S., Umnouysin S., Rodtassana C., Kato S., Pravinvongvuthi T., and Sangtiean T. (2020) Daily inundation induced seasonal variation in the vertical distribution of soil water salinity in an estuarine mangrove forest under a tropical monsoon climate. Ecological Research 35, 638–649.
今　博計（2009）ブナにおけるマスティングの適応的意義とそのメカニズム．北海道林業試験場研究報告 No.46、53–83.
近藤大介・加藤正吾・小見山章（2008）ブナ天然林における維管束着生植物の分布と種数．森林立地 50、9–16.
Kubota Y. (2006) Spatial pattern and regeneration dynamics in a temperate *Abies-Tsuga* forest in southwestern Japan. Journal of Forest Research 11, 191–201.
草下正夫・岡上正夫・松井光瑶（1970）『亜高山地帯の造林技術』、創文、183pp.
増田公明・永冶健太朗・北澤恭平・毛受弘彰・宮原ひろ子・中村俊夫（2007）「^{14}C 濃度測定による過去二千年の太陽活動変遷の研究」、21 世紀 COE 報告書、pp.59–66.
ママン スティスナ（1984）『御岳における撹乱と下層木の成長解析（英文）』、昭和 58 年度修士論文.
溝口紀泰・片山敦司・坪田敏男・小見山章（1996）ブナの豊凶がツキノワグマの食性に与える影響：ブナとミズナラの種子落下量の年次変動に関連して．哺乳類科学 36、33–44.
森　章（2010）撹乱生態学が繙く森林生態系の非平衡性．日本生態学会誌 60、19–39.
大森博雄・柳町　治（1991）東北山地における主要樹種の温度領域からみた「偽高山帯」の成因．第四紀研究 30，1–18.
大西　勝（1981）『御嶽山の亜高山帯針葉樹林における森林の再生過程』、昭和 55 年度卒業論文.

Scholander, P.S. (1968) How mangroves desalinate seawater. Physiologia Plantarum 21, 251–261.
四手井綱英（1956）裏日本の亜高山帯の一部に針葉樹林帯の欠除する原因についての一つの考えかた．日本林学会誌 39、356–358.
Suchewaboripont V., Iimura Y., Yoshitake S., Kato S., Komiyama A., and Ohtsuka T. (2015) Change in biomass of an old-growth beech-oak forest of Mt. Hakusan over a 17-year period, Japanese Journal of Environment 57, 33–42.
菅沼秀樹・安部征雄・谷口雅彦・山田興一（2006）乾燥地におけるデジタル航空写真解析による林分バイオマス推定手法の検証．写真測量とリモートセンシング 45、12–23.
杉田久志（1990）後氷期のオオシラビソ林の発達史：分布特性にもとづいて．植生史研究 6、31–37.
杉田久志（2002）「亜高山帯の背腹性とその成立機構」、梶本卓也・大丸裕武・杉田久志編『雪山の生態学：東北の山と森から』、東海大学出版会、74–88.
杉田久志（2005）「亜高山帯針葉樹林の成立要因」、大住克博・杉田久志・池田重人編『森の生態史　北上山地の景観とその成り立ち』、古今書院、20–35.
田口　剛（1984）『航空写真を利用した林冠の動態解析』、昭和 58 年度卒業論文.
高橋真琴・加藤正吾・小見山章（1999）地上から目視で調べた大白川谷ブナ林の着生植物群．岐阜県植物研究会誌 16、38–42.
玉手三棄寿・樫山徳治・笹沼たつ・高橋亀久松・松岡広雄（1977）洞爺丸台風による北海道の大森林風害の概要とその実況図．林業試験場研究報告 289、43–67.
田中　靖（1984）『シラベ・アオモリトドマツ林における林冠疎開発生年の推定』、昭和 58 年度卒業論文.
寺西美樹（1996）『ブナ天然林における光環境と下層木の種多様性』、平成 7 年度卒業論文.

渡辺幹男・芹沢俊介・菅沼孝之（1996）大台ケ原山へ他地域のトウヒを持ち込んでもよいのか？　植生学会誌 13、107–110.

Whitmore T.C. (1975) Tropical rain forest of the Far East. 282pp, Clarendon Press, Oxford.

山中典和・安藤　信・玉井重信（1994）南アルプス亜高山帯針葉樹林の齢構造と更新過程．森林立地 36、28–35.

第 4 章

原科幸爾・恒川篤史・武内和彦（1999）日本列島における森林連続性の地域的差異．農村計画論文集 1、337–342.

菊池　賢（2016）生育地の分断化が森林植物の繁殖様式および遺伝的多様性に及ぼす影響に関する研究．森林遺伝育種 5、61–66.

Mori A. S., Mizumachi E., and Komiyama A. (2007) Roles of disturbance and demographic non-equilibrium in species coexistence, inferred from 25-year dynamics of a late-successional old-growth forest. Forest Ecology and Management 241, 74–83.

中村克典（2020）マツ枯れ被害拡大の歴史とこれからの防除の展望．日本環境動物昆虫学会誌 31、61–63.

中静　透・山本進一（1987）自然攪乱と森林群集の安定性．日本生態学会誌 37、19–30.

野平照雄・大橋章博（1996）岐阜県における落葉広葉樹林の病害虫被害の実態と穿孔性害虫の防除に関する研究．岐阜県林業センター研究報告 25 号、23–38.

大橋章博（2008）岐阜県におけるナラ類枯損被害の分布と拡大．岐阜県森林研究所研究報告 37 号、23–28.

四手井綱英（1985）『森林』、法政大学出版局、291pp.

富松　裕（2005）生育場所の分断化は植物個体群にどのような影響を与えるか？　保全生態学研究 10、163–171.

小見山章（こみやま　あきら）

農学博士

昭和 55 年	京都大学大学院農学研究科博士後期課程、単位取得退学
昭和 55 年～	岐阜大学農学部に助手として奉職
平成 4 年～	岐阜大学農学部助教授
平成 7 年～	岐阜大学農学部教授
平成 16 年～	岐阜大学応用生物科学部（改組）教授 岐阜大学にて、応用生物科学部長、副学長・理事、図書館長などを務める。
平成 29 年	定年で退職、岐阜大学名誉教授、タイ王国チュラロンコン大学客員教授

現在に至る

著書 『森の記憶：飛騨・荘川村六厩の森林史』（京都大学学術出版会）、『マングローブ林：変わりゆく海辺の森の生態系』（京都大学学術出版会）、『岐阜から生物多様性を考える』（岐阜新聞社）ほか、学術論文多数。

加藤正吾（かとう　しょうご）

博士（農学）

平成 12 年	岐阜大学大学院連合農学研究科　博士（農学）
平成 12 年 4 月	岐阜大学農学部助手
平成 16 年 4 月	岐阜大学応用生物科学部助教
平成 25 年 4 月～	岐阜大学応用生物科学部准教授

現在に至る

著書 『大学生のための情報リテラシー：レポートの書き方からプレゼンテーションまで』（三恵社）、『レポート・図表・プレゼン作りに追われない情報リテラシー：大学生のためのアカデミック・スキルズ入門：Office アプリの Word・Excel・PowerPoint を 365 日駆使する』（三恵社）、『岐阜から生物多様性を考える』（岐阜新聞社）ほか。

学術選書

森の来歴

——二次林と原生林が織りなす激動の物語 学術選書 114

2024年 2 月 5 日　初版第1刷発行

著　　　者…………小見山 章
　　　　　　　　　加藤 正吾
発　行　人…………足立 芳宏
発　行　所…………京都大学学術出版会
京都市左京区吉田近衛町69
京都大学吉田南構内（〒606-8315）
電話（075）761-6182
FAX（075）761-6190
振替 01000-8-64677
URL http://www.kyoto-up.or.jp

印刷・製本…………㈱太洋社

ISBN 978-4-8140-0510-9
定価はカバーに表示してあります

学術選書［既刊一覧］

＊サブシリーズ　「心の宇宙」→［心］　「諸文明の起源」→［諸］
「宇宙と物質の神秘に迫る」→［宇］

001 土とは何だろうか？　久馬一剛
002 子どもの脳を育てる栄養学　中川八郎・葛西奈津子
003 前頭葉の謎を解く　船橋新太郎　［心］1
006 古代アンデス　権力の考古学　関　雄二　［諸］12
007 見えないもので宇宙を観る　小山勝二ほか 編著　［宇］1
008 地域研究から自分学へ　高谷好一
009 ヴァイキング時代　角谷英則　［諸］9
010 GADV仮説　生命起源を問い直す　池原健二
011 ヒト　家をつくるサル　榎本知郎
012 古代エジプト　文明社会の形成　高宮いづみ　［諸］2
013 心理臨床学のコア　山中康裕　［心］3
014 古代中国　天命と青銅器　小南一郎　［諸］5
015 恋愛の誕生　12世紀フランス文学散歩　水野　尚
016 古代ギリシア　地中海への展開　周藤芳幸　［諸］7
018 紙とパルプの科学　山内龍男
019 量子の世界　川合　光・佐々木節・前野悦輝ほか編著　［宇］2
020 乗っ取られた聖書　秦　剛平
021 熱帯林の恵み　渡辺弘之
022 動物たちのゆたかな心　藤田和生　［心］4
023 シーア派イスラーム　神話と歴史　嶋本隆光
024 旅の地中海　古典文学周航　丹下和彦
025 古代日本　国家形成の考古学　菱田哲郎　［諸］14
026 人間性はどこから来たか　サル学からのアプローチ　西田利貞
027 生物の多様性ってなんだろう？　生命のジグソーパズル　京都大学総合博物館 京都大学生態学研究センター 編
028 心を発見する心の発達　板倉昭二　［心］5
029 光と色の宇宙　福江　純
030 脳の情報表現を見る　櫻井芳雄　［心］6
031 アメリカ南部小説を旅する　ユードラ・ウェルティを訪ねて　中村紘一
032 究極の森林　梶原幹弘
033 大気と微粒子の話　エアロゾルと地球環境　笠原三紀夫 東野　達 監修
034 脳科学のテーブル　日本神経回路学会監修／外山敬介・甘利俊一・篠本滋 編
035 ヒトゲノムマップ　加納　圭
036 中国文明　農業と礼制の考古学　岡村秀典　［諸］6
037 新・動物の「食」に学ぶ　西田利貞
038 イネの歴史　佐藤洋一郎

039 新編 素粒子の世界を拓く 湯川・朝永から南部・小林・益川へ 佐藤文隆 監修
040 文化の誕生 ヒトが人になる前 杉山幸丸
041 アインシュタインの反乱と量子コンピュータ 佐藤文隆
042 災害社会 川崎一朗
043 ビザンツ 文明の継承と変容 井上浩一 諸8
044 江戸の庭園 将軍から庶民まで 飛田範夫
045 カメムシはなぜ群れる？ 離合集散の生態学 藤崎憲治
046 異教徒ローマ人に語る聖書 創世記を読む 秦 剛平
047 古代朝鮮 墳墓にみる国家形成 吉井秀夫 諸13
048 王国の鉄路 タイ鉄道の歴史 柿崎一郎
049 世界単位論 高谷好一
050 書き替えられた聖書 新しいモーセ像を求めて 秦 剛平
051 オアシス農業起源論 古川久雄
052 イスラーム革命の精神 嶋本隆光
053 心理療法論 伊藤良子 心7
054 イスラーム 文明と国家の形成 小杉 泰 諸4
055 聖書と殺戮の歴史 ヨシュアと士師の時代 秦 剛平
056 大坂の庭園 太閤の城と町人文化 飛田範夫
057 歴史と事実 ポストモダンの歴史学批判をこえて 大戸千之
058 神の支配から王の支配へ ダビデとソロモンの時代 秦 剛平
059 古代マヤ 石器の都市文明［増補版］ 青山和夫 諸11
060 天然ゴムの歴史 ヘベア樹の世界一周オデッセイから「交通化社会」へ こうじや信三
061 わかっているようでわからない数と図形と論理の話 西田吾郎
062 近代社会とは何か ケンブリッジ学派とスコットランド啓蒙 田中秀夫
063 宇宙と素粒子のなりたち 糸山浩司・横山順一・川合光・南部陽一郎
064 インダス文明の謎 古代文明神話を見直す 長田俊樹
065 南北分裂王国の誕生 イスラエルとユダ 秦 剛平
066 イスラームの神秘主義 ハーフェズの智慧 嶋本隆光
067 愛国とは何か ヴェトナム戦争回顧録を読む ヴォー・グエン・ザップ著・古川久雄訳・解題
068 景観の作法 殺風景の日本 布野修司
069 空白のユダヤ史 エルサレムの再建と民族の危機 秦 剛平
070 ヨーロッパ近代文明の曙 描かれたオランダ黄金世紀 樺山紘一 諸10
071 カナディアンロッキー 山岳生態学のすすめ 大園享司
072 マカベア戦記㊤ ユダヤの栄光と凋落 秦 剛平
073 異端思想の500年 グローバル思考への挑戦 大津真作
074 マカベア戦記㊦ ユダヤの栄光と凋落 秦 剛平
075 懐疑主義 松枝啓至
076 埋もれた都の防災学 都市と地盤災害の2000年 釜井俊孝

077 集成材〈木を超えた木〉開発の建築史　小松幸平
078 文化資本論入門　池上　惇
079 マングローブ林　変わりゆく海辺の森の生態系　小見山　章
080 京都の庭園　御所から町屋まで㊤　飛田範夫
081 京都の庭園　御所から町屋まで㊦　飛田範夫
082 世界単位 日本　列島の文明生態史　高谷好一
083 京都学派　酔故伝　櫻井正一郎
084 サルはなぜ山を下りる？　野生動物との共生　室山泰之
085 生老死の進化　生物の「寿命」はなぜ生まれたか　高木由臣
086 ？◉！　哲学の話　朴　一功
087 今からはじめる哲学入門　戸田剛文 編
088 どんぐりの生物学　ブナ科植物の多様性と適応戦略　原　正利
089 何のための脳？　AI時代の行動選択と神経科学　平野丈夫
090 宅地の防災学　都市と斜面の近現代　釜井俊孝
091 発酵学の革命　マイヤーホッフと酒の旅　木村　光
092 股倉からみる『ハムレット』　シェイクスピアと日本人　芦津かおり
093 学習社会の創造　働きつつ学び貧困を克服する経済を　池上　惇
094 歌う外科医、介護と出逢う　肝移植から高齢者ケアへ　阿曽沼克弘
095 中国農漁村の歴史を歩く　太田　出
096 生命の惑星　ビッグバンから人類までの地球の進化㊤　C・H・ラングミューアーほか著　宗林由樹 訳
097 生命の惑星　ビッグバンから人類までの地球の進化㊦　C・H・ラングミューアーほか著　宗林由樹 訳
098 「型」の再考　科学から総合学へ　大庭良介
099 色を分ける　色で分ける　日高杏子
100 ベースボールと日本占領　谷川建司
101 タイミングの科学　脳は動作をどうコントロールするか　乾　信之
102 乾燥地林　知られざる実態と砂漠化の危機　吉川　賢
103 異端思想から近代的自由へ　大津真作
104 日本書紀の鳥　山岸　哲・宮澤豊穂
105 池上四郎の都市計画　大阪市の経験を未来に　池上　惇
106 弁論の世紀　古代ギリシアのもう一つの戦場　木曽明子
107 ホメロスと色彩　西塔由貴子
108 女帝と道化のロシア　坂内徳明
109 脳はどのように学ぶのか　教育×神経科学からのヒント　乾　信之
110 デザインは間違う　デザイン方法論の実践知　松下大輔
111 ハイデッガーとギリシア悲劇　秋富克哉
112 自然に学ぶ「甘くない」共生論　椿　宜高
113 南方熊楠と猫とイスラーム　嶋本隆光
114 森の来歴　二次林と原生林が織りなす激動の物語　小見山章・加藤正吾